TRAITÉ

DES

SURFACES DU SECOND ORDRE.

Strasbourg, impr. de Ve Berger-Levrault.

TRAITÉ

DES

SURFACES DU SECOND ORDRE

ET

DÉVELOPPEMENTS DE GÉOMÉTRIE ANALYTIQUE

A TROIS DIMENSIONS

A L'USAGE

DES CANDIDATS AUX ÉCOLES POLYTECHNIQUE ET NORMALE.

PAR

M. SAINT-LOUP

DOCTEUR ÈS-SCIENCES, PROFESSEUR DE MATHÉMATIQUES SPÉCIALES AU LYCÉE DE STRASBOURG,
MEMBRE CORRESPONDANT DE LA SOCIÉTÉ DES SCIENCES ET ARTS DE LILLE.

ET

M. BACH

CHARGÉ DU COURS DE MATHÉMATIQUES PURES A LA FACULTÉ DES SCIENCES DE STRASBOURG,
CHEVALIER DE LA LÉGION D'HONNEUR.

PARIS

MALLET-BACHELIER, LIBRAIRE-ÉDITEUR

DU BUREAU DES LONGITUDES, DE L'ÉCOLE POLYTECHNIQUE,

Quai des Augustins, 55.

1859.

PRÉFACE.

La marche que nous suivons dans ce travail est analogue à celle qui est adoptée dans la discussion de l'équation générale du second degré à deux variables.

Nous donnons, en effet, sans aucune notion préalable du centre et des plans diamétraux, une classification des surfaces du second ordre, en mettant l'équation générale sous une forme convenable.

Cette méthode, n'a pas seulement l'avantage de servir de base à une classification, elle fournit encore un moyen sûr et rapide pour déterminer, sur une équation numérique donnée, la nature de la surface qu'elle représente et, s'il y a lieu, le centre, les génératrices rectilignes, les plans directeurs, etc.

Par la transformation que nous effectuons sur l'équation, la surface se trouve rapportée à un système de plans diamétraux conjugués obliques, et nous partons de son équation réduite pour déterminer l'existence d'un système de cordes principales et pour arriver à l'équation simplifiée de la surface rapportée à des axes rectangulaires.

Nous passons en revue d'une façon plus complète qu'on ne le fait ordinairement, les propriétés des divers genres de surfaces, et nous donnons sur les diamètres conjugués de l'ellipsoïde des démonstrations synthétiques de quelques théorèmes qu'on a l'habitude d'établir, en employant les formules de transformation de coordonnées.

Après avoir exposé une méthode fort simple pour trouver les caractères auxquels on reconnaît qu'une surface du second ordre est de révolution, nous démontrons plusieurs propositions, utiles à connaître, sur l'intersection des surfaces du second degré.

Le lecteur trouvera à la fin de l'ouvrage la discussion de quelques surfaces de degré supérieur, entre autres la surface de l'onde et d'autres exercices.

TRAITÉ

DES

SURFACES DU SECOND ORDRE.

CHAPITRE PREMIER.

ÉTUDE ET CLASSIFICATION DES SURFACES DU SECOND ORDRE.

I.

Division des surfaces du second ordre en deux classes.

1. L'équation générale des surfaces du second ordre est :

$$A x^2 + A'y^2 + A''x^2 + 2\,Bxy + 2\,B'xz + 2\,B''yz \atop + 2\,Cz + 2\,C'y + 2\,C''x + F \Big\} = 0.$$

Il serait difficile de reconnaître d'après cette équation la forme de ces surfaces ; il faut donc chercher d'abord à la simplifier autant que possible par un choix convenable d'axes coordonnés.

Dans ce but, on écrira l'équation sous une forme particulière qui conduira naturellement au choix de ces nouveaux axes et on pourra dès lors, sur l'équation réduite, étudier la nature des surfaces représentées par l'équation générale et en donner la classification.

Pour arriver à la transformation que nous avons en vue, nous distinguerons deux cas.

Premier cas. Les coefficients des trois carrés ne sont pas nuls à la fois : $A \gtrless 0$;

2. Résolvant l'équation par rapport à z, on a :

$$z = \frac{-B''y - B'x - C +}{A} \pm \frac{1}{A} \sqrt{ay^2 + 2bxy + cx^2 + 2dy + 2ex + f};$$

chassons le dénominateur et élevons au carré, après avoir isolé le radical, il vient :

$$(Az + B''y + B'x\ C)^2 + ay^2 + 2bxy + cx^2 + 2dy + 2ex + f;$$

le second membre peut toujours se mettre sous l'une des formes suivantes :

$$\frac{1}{a}(ay + bx + d)^2 + \frac{1}{k}(kx + l)^2 + h$$

$$\frac{1}{a}(ay + bx + d)^2 + kx + l$$

$$\frac{2}{b}(bx + d)(by + e) + p$$

et comme un produit de deux polynomes du premier degré peut toujours être remplacé par une différence de deux carrés, la 3e forme est comprise dans la première, d'où il résulte que toutes les fois que le coefficient de l'un des carrés n'est pas nul, l'équation d'une surface du second ordre pourra s'écrire :

(A) $\quad (Az + B''y + B'x + C)^2 - \dfrac{1}{a}(ay + bx + d)^2 - \dfrac{1}{k}(kx + l)^2 - h = 0,$

(B) ou $(Az + B''y + B'x + C)^2 - \dfrac{1}{a}(ay + bx + d)^2 - (kx + l) = 0.$

On peut toujours considérer A comme positif; mais il importe, de ne pas perdre de vue que a, k, h peuvent être positifs ou négatifs.

Deuxième cas. Les coefficients des trois carrés sont tous nuls.

$$A = A' = A'' = 0.$$

3. Il est clair que les coefficients des trois rectangles ne peuvent pas être nuls en même temps.

$$B'' \gtrless 0.$$

L'équation est alors

$$B xy + B' xz + B'' yz + Cz + C'y + C''x + F = 0.$$

en la résolvant par rapport à z, elle donne

$$z = - \frac{B xy + C'y + C''x + F}{B''y + B'x + C}$$

et en effectuant la division

$$z = - \frac{B}{B''} x - \frac{C'}{B''} - \frac{1}{B''} \frac{\frac{1}{k}(kx + l)^2 + h}{B''y + B'x + C}$$

ou

$$(B''z + Bx + C')(B''y + B'x + C) + \frac{1}{k}(kx + l)^2 + h = 0$$

équation qui est comprise dans la forme (A).

Les transformations précédentes nous montrent que l'équation générale du deuxième degré peut toujours être ramenée à l'un des types (A) ou (B).

4. Cette décomposition de l'équation va nous conduire directement au choix d'axes coordonnés propres à la simplifier.

Concevons, en effet, trois plans coordonnés représentés par les équations

$$(1) \quad kx + l = 0$$
$$(2) \quad ay + bx + d = 0$$
$$(3) \quad Az + B''y + B'x + C = 0$$

Prenons le plan (1) pour plan des yz,

$$(2) \qquad id. \qquad des \ zx,$$
$$(3) \qquad id. \qquad des \ xy.$$

Ces trois plans déterminent par leurs intersections mutuelles les trois axes $O'x'$, $O'y'$, $O'z'$ comme le montre la figure (1).

Soient ξ, η, ζ les distances d'un point x, y, z aux trois plans $z'y'$, $z'x'$, $x'y'$,

$$\alpha \quad \text{l'angle de } z' \text{ avec } x'y',$$
$$\beta \quad \quad id. \quad \quad y' \quad id. \quad x'z',$$
$$\gamma \quad \quad id. \quad \quad x' \quad id. \quad y'z'.$$

Nous avons, en nommant $x' \; y' \; z'$ les coordonnées du point dans le nouveau système

$$\xi = x' \sin \alpha = \frac{kx + l}{k}$$

$$\eta = y' \sin \beta = \frac{ay + bx + d}{\sqrt{a^2 + b^2}}$$

$$\zeta = z' \sin \gamma = \frac{Az + B''y + B'x + C}{\sqrt{A^2 + B''^2 + B'^2}}$$

remplaçant dans les équations (A) et (B) $kx + l$, $ay + bx + d$ et $Az + B''y + B'x + C$ par leurs valeurs et supprimant les accents, il vient

$$(A_1) \qquad Px^2 + P'y^2 + P''z^2 = H$$

$$(B_1) \qquad P'y^2 + P''z^2 = 2\,Qx,$$

P, P', P'', H et Q, étant des quantités positives négatives ou nulles.

5. Les surfaces représentées par l'équation (A_1) jouissent d'une propriété particulière qui les distingue des surfaces (B_1) et qui consiste en ce qu'elles ont un centre qui est à l'origine.

On appelle, en effet, *centre* d'une surface un point tel qu'une droite passant par ce point et terminée à la surface y soit divisée en deux parties égales. Or, d'après l'équation (A_1), à tout point, (x, y, z) en correspond un autre $(-x, -y, -z)$ symétrique du premier, par rapport à l'origine qui est, par conséquent, centre de la surface. Ce centre est unique; car s'il en existait un second, en menant un plan par ces deux points la section aurait deux centres, ce qui est impossible puisqu'elle est du deuxième degré.

Toute droite passant par le centre est un *diamètre*.

On voit aussi qu'à tout point (x, y, z) correspond un point

($-x$, y, z), en sorte que toute droite parallèle à Ox, terminée à la surface, est divisée par le plan zy, en parties égales. Pour cette raison ce plan est nommé *plan diamétral*.

Les plans des xy et des xz sont aussi des plans diamétraux.

Les cordes parallèles à l'intersection de deux de ces plans, étant divisées par l'autre en parties égales, ces trois plans forment un système de *plans diamétraux conjugués*, et la direction de chaque système de cordes est dite *conjuguée* de celle du plan diamétral correspondant.

6. Les mêmes considérations montrent que les plans des zx et des xy sont des plans diamétraux des surfaces représentées par l'équation (B_1). Il n'en est pas de même du plan des zy, car, pour un système de valeurs de z et de y, l'équation donne toujours pour x une valeur unique, en sorte qu'une droite parallèle à Ox rencontre toujours la surface, mais ne la rencontre qu'une seule fois.

Il résulte de là que cette surface ne saurait avoir de centre ; car, si elle en avoit un, en menant par ce point une parallèle à Ox, terminée à la surface, elle devrait être partagée en ce point en deux parties égales, ce qui est impossible.

Les surfaces du second degré se divisent donc en deux classes :

    Surfaces à centre, représentées par l'équation (A_1);

    Surfaces dénuées de centre,   *id.*   (B_1).

Nous allons examiner maintenant les divers genres de surfaces qui peuvent représenter les équations (A_1) et (B_1).

II.

Surfaces à centre.

7. *Les coefficients des trois carrés sont de même signe.*

Il est toujours permis de les supposer positifs ; il peut alors se présenter trois cas : $H > 0$, $H = 0$, $H < 0$.

Dans le premier cas, la surface a pour équation, en mettant les signes en évidence :

$$Px^2 + P'y^2 + P''z^2 = H.$$

Cherchons les points où elle rencontre les axes coordonnés; pour cela égalons en même temps à 0 deux des variables x, y, z, on obtient

$$\text{pour}\quad z = 0 \quad y = 0 \quad x^2 = \frac{H}{P} = a^2,$$

$$x = 0 \quad z = 0 \quad y^2 = \frac{H}{P'} = b^2,$$

$$y = 0 \quad x = 0 \quad z^2 = \frac{H}{P''} = c^2;$$

a, b, c sont les longueurs des demi-diamètres conjugués de la surface dirigés suivant les trois axes coordonnés. Si on introduit ces longueurs dans l'équation de la surface, elle devient

$$\frac{x^2}{a^2} + \frac{y^2}{b^2} + \frac{z^2}{c^2} = 1.$$

8. Pour reconnaître sa forme, cherchons la nature des sections déterminées par les plans coordonnés. La section faite par le plan des xy est donnée par les équations

$$z = 0, \quad \frac{x^2}{a^2} + \frac{y^2}{b^2} = 1.$$

Cette section est une ellipse rapportée à deux diamètres conjugués (fig. 2). Les plans des xz et des yz coupent aussi la surface, suivant des ellipses:

$$y = 0, \quad \frac{x^2}{a^2} + \frac{z^2}{c^2} = 1 \quad \bigg| \quad x = 0, \quad \frac{y^2}{b^2} + \frac{z^2}{c^2} = 0$$

et ces ellipses ont deux à deux un diamètre commun, dirigé suivant les axes coordonnés.

9. Coupons maintenant la surface par des plans parallèles au plan xy. Ces sections sont données par les équations simultanées:

$$z = \pm \gamma, \quad \frac{x^2}{a^2} + \frac{y^2}{b^2} = 1 - \frac{\gamma^2}{c^2}$$

On voit qu'elles sont toujours des ellipses semblables et

semblablement placées dont le centre est sur l'axe des z. Les diamètres de ces ellipses, parallèles à Ox et Oy varient de a et b à 0, quand γ, varie de 0 à c. Pour des valeurs de γ supérieures à c, la section est imaginaire, en sorte que la surface est tout entière comprise entre les deux plans

$$z = \pm\, c.$$

On peut donc regarder la surface comme engendrée par une ellipse, dont le plan se meut parallèlement au plan des xy, les diamètres de cette ellipse, parallèles à Ox et Oy, sont conjugués et leurs extrémités s'appuient sur les sections faites dans la surface par les deux autres plans coordonnés.

On a donné à cette surface le nom d'*ellipsoïde*.

10. Si H est nul, l'ellipsoïde se réduit à son centre, l'équation représente un point :

$$x = 0, \quad y = 0, \quad z = 0.$$

Si H est négatif, l'ellipsoïde est imaginaire.

11. 2° *Les coefficients de deux carrés sont de même signe.*

On peut toujours supposer P et P' positifs, et on a encore trois cas à examiner, selon que H est positif, nul ou négatif.

Si H est positif,

L'équation

$$Px^2 + P''y^2 - P''z^2 = H$$

montre que les diamètres, dirigés suivant Ox et Oy, sont seuls réels et que le diamètre, dirigé suivant Oz, ne rencontre pas la surface.

Introduisons, comme précédemment, les longueurs réelles ou imaginaires des demi-diamètres conjugués, auxquels la surface est rapportée, c'est-à-dire posons

$$a^2 = \frac{H}{P} \qquad b^2 = \frac{H}{P'} \qquad c^2 = \frac{H}{P''}$$

et il viendra

$$\frac{x^2}{a^2} + \frac{y^2}{b^2} - \frac{z^2}{c^2} = 1.$$

Les sections par les plans coordonnés sont :
dans le plan xy (fig. 3), une ellipse

$$\frac{x^2}{a^2} + \frac{y^2}{b^2} = 1,$$

dans le plan zy, une hyperbole

$$\frac{y^2}{b^2} - \frac{z^2}{c^2} = 1,$$

dans le plan xz, une hyperbole

$$\frac{x^2}{a^2} - \frac{z^2}{c^2} = 1.$$

Ces trois courbes ont deux à deux un diamètre commun et les diamètres de l'ellipse sont les diamètres réels des hyperboles.

Les sections parallèles au plan des xy sont données par les équations

$$z = \pm \gamma, \qquad \frac{x^2}{a^2} + \frac{y^2}{b^2} = 1 + \frac{\gamma^2}{c^2}.$$

Ces courbes sont des ellipses semblables et semblablement placées, ayant leur centre sur Oz, leurs diamètres parallèles à Ox et à Oy croissent depuis a et b au delà de toute limite, quand γ varie de 0 à ∞.

On peut se rendre compte de la forme de la surface, en la considérant comme engendrée par le mouvement d'une ellipse dont le plan se déplace parallèlement au plan xy, tandis que les extrémités de ses diamètres parallèles à Ox et Oy s'appuient sur les hyperboles situées dans les deux autres plans coordonnés.

On a donné à cette surface le nom d'*hyperboloïde à une nappe*.

12. Soit H nul. Avant de faire $H = 0$, divisons par P'' le premier membre de l'équation, on a

$$\frac{P}{P''} x^2 + \frac{P'}{P''} y^2 - z^2 = \frac{H}{P''}$$

Or P, P', P'' restent constants par hypothèse, les rapports

$$\frac{P}{P''} = \frac{c^2}{a^2}, \quad \frac{P'}{P''} = \frac{c^2}{b^2}$$

sont donc aussi constants, quel que soit H.

Faisons décroître H jusqu'à 0, l'équation précédente devient

$$\frac{c^2}{a^2}\, x^2 + \frac{c^2}{b^2}\, y^2 - z^2 = 0,$$

où a, b, c peuvent encore être considérés comme étant les diamètres de l'hyperboloïde, puisque les rapports

$$\frac{c^2}{a^2} \quad \text{et} \quad \frac{c^2}{b^2}$$

ne changent pas avec H, en sorte qu'on peut écrire en divisant par c^2 :

$$\frac{x^2}{a^2} + \frac{y^2}{b_2} - \frac{z^2}{c^2} = 0.$$

On voit immédiatement que l'ellipse située dans le plan xy se réduit à un point, et que les hyperboles situées dans les deux autres plans coordonnés se confondent avec leurs asymptotes, tandis que les sections parallèles au plan des xy restent des ellipses semblables entre elles et aux premières (fig. 4).

La surface peut donc être considérée comme engendrée par le mouvement d'une ellipse variable se déplaçant, comme on on l'a dit plus haut; mais comme alors elle s'appuie sur deux droites, passant par l'origine, il est évident que la surface engendrée est un *cône*.

13. Si H devient négatif, les diamètres qui étaient réels, quand H était positif, deviennent imaginaires et inversement, et l'équation de la surface est :

$$\frac{x^2}{a^2} + \frac{y^2}{b^2} - \frac{z^2}{c^2} = -1,$$

la section par le plan des xy est imaginaire.

Les sections dans le plan des xy et des xz sont des hyperboles conjuguées des précédentes, ayant, par conséquent, pour asymptotes les sections du cône par les mêmes plans coordonnés.

Quant aux sections parallèles au plan xy, elles sont données par les équations

$$z = \pm \gamma, \quad \frac{x^2}{a^2} + \frac{y^2}{b^2} = -1 + \frac{\gamma^2}{c^2}$$

On voit que ce sont des ellipses semblables, réelles, quand γ varie de c à ∞, imaginaires, quand il varie de 0 à c.

La surface peut donc aussi être considérée comme engendrée par le mouvement d'une ellipse variable, dont le plan se déplace parallèlement à xy et dont les diamètres parallèles à Ox et Oy s'appuient par leurs extrémités sur les deux hyperboles situées dans les deux autres plans coordonnés.

Elle se compose de deux parties distinctes puisqu'il n'existe pas de point de la surface entre les deux plans $z = \pm c$.

On l'a nommée *hyperboloïde à deux nappes*.

Il résulte de ce qui précède, que si dans l'équation

$$P x^2 + P' y^2 + P'' z^2 = H$$

H varie et passe du positif au négatif, la surface passe de l'hyperboloïde à une nappe au cône et du cône à l'hyperboloïde à deux nappes, et un plan parallèle à l'un des plans coordonnés, détermine sur ces trois surfaces des courbes concentriques semblables et semblablement placées.

3° Cas particuliers.

14. Étudions maintenant les cas particuliers.
Le coefficient de l'un des carrés est nul.

$$P = 0.$$

La surface

$$P' y^2 + P'' z^2 = H$$

est un cylindre.

P' *et* P'' *sont de même signe* (fig. 6).

On aura un cylindre elliptique, si

$$H > 0,$$

le cylindre se réduit à son axe si

$$H = 0,$$

et devient imaginaire si

$$H < 0.$$

P' *et* P'' *sont de signes contraires* (fig. 7).

On a un cylindre hyperbolique, si

$$H \gtrless 0,$$

le cylindre se réduit à deux plans si

$$H = 0.$$

Les coefficients de deux carrés sont nuls

$$P = P' = 0.$$

L'équation

$$P''z^2 = H$$

représente deux plans parallèles si

$$H > 0;$$

les deux plans se confondent en un seul si

$$H = 0,$$

et sont imaginaires si

$$H < 0.$$

Puisque nous avons fait sur les coefficients de l'équation

$$Px^2 + P'y^2 + P''z^2 = H$$

toutes les hypothèses possibles, cette équation ne saurait représenter d'autres surfaces que celles que nous avons trouvées. Nous connaissons donc toutes les surfaces à centre que peut représenter une équation du second degré.

III.

Surfaces dépourvues de centre.

15. Examinons maintenant les surfaces que donne l'équation

$$(B_1) \qquad P'y^2 + P''z^2 = 2Qx.$$

On peut toujours supposer Q positif, car s'il était négatif, en changeant x en $-x$ on serait ramené au premier cas.

$1°$ *Les coefficients de deux carrés sont de même signe*

$$P' \text{ et } P'' > 0.$$

Dans l'équation

$$P'y^2 + P''z^2 = 2Qx$$

faisons successivement $x = 0$, $y = 0$, $z = 0$, nous aurons les sections de la surface par les trois plans coordonnés, (fig. 8), savoir:

$$P'y^2 + P''z^2 = 0, \qquad P'y^2 = 2Qx, \qquad P''z^2 = 2Qx;$$

la section par le plan des yz est un point, l'origine ; les sections faites par les plans des xz et des yz sont des paraboles dirigées dans le même sens et ayant l'axe des x pour diamètre commun.

Si l'on pose

$$\frac{Q}{P'} = p, \quad \frac{Q}{P''} = p'$$

les équations des paraboles deviennent

$$y^2 = 2px \qquad z^2 = 2p'x$$

et l'équation de la surface prend la forme :

$$\frac{y^2}{p} + \frac{z^2}{p'} = 2x.$$

Les sections parallèles au plan des zy sont données par les équations

$$x = \alpha, \quad \frac{y^2}{p} + \frac{z^2}{p'} = 2\alpha.$$

Ces courbes sont des ellipses semblables, rapportées à un système de diamètres conjugués parallèles à Oy et à Oz. Ces diamètres croissent avec α au delà de toute limite.

Pour des valeurs négatives de α la section étant imaginaire, il n'y a pas de points de la surface à gauche du plan des zy.

On voit que la surface peut être considérée comme engendrée par une ellipse dont le plan se déplace parallèlement au plan des zy.

Les diamètres de cette ellipse, parallèles à Oy et à Oz sont conjugués et leurs extrémités s'appuient sur les paraboles, suivant lesquelles les deux autres plans coordonnés coupent la surface.

On a donné à cette surface le nom de *paraboloïde elliptique*.

2° *Les coefficients des deux carrés sont de signes contraires*

$$P'' < 0.$$

16. L'équation devient

$$P'y^2 - P''z^2 = 2Qx.$$

Les sections faites par les plans des xy et des zx sont encore des paraboles (fig. 9.) repésentées par les équations

$$P'y^2 = 2Qx, \qquad P''z^2 = -2Qx,$$

ou d'après la notation employée plus haut

$$y^2 = 2px, \qquad z^2 = -2p'x.$$

Ces deux paraboles ont aussi pour diamètre commun, l'axe des x, mais elles sont dirigées en sens contraire.

Quant à l'équation de la surface elle prend la forme

$$\frac{y^2}{p} - \frac{z^2}{p'} = 2x.$$

Les sections parallèles au plan des zy sont données par

$$x = \alpha, \quad \frac{y^2}{p} - \frac{z^2}{p'} = 2\alpha.$$

Ce sont des hyperboles semblables dont le centre est sur l'axe Ox et dont les diamètres parallèles à Oz et Oy sont conjugués. Ces diamètres grandissent indéfiniment à partir de 0 quand α varie de 0 à $\pm \infty$.

Si α est positif, le diamètre réel est parallèle à l'axe des y et si α est négatif, il est parallèle à l'axe des z, en sorte que la position des hyperboles change avec le signe de cette quantité.

La section par le plan zy s'obtient en faisant $\alpha = 0$, ce qui donne

$$\frac{y^2}{p} - \frac{z^2}{p'} = 0 \text{ ou } y = \pm\ z \sqrt{\frac{p}{p'}},$$

équation qui représente deux droites, auxquelles les asymptotes des hyperboles précédentes sont constamment parallèles.

On donne à cette surface le nom de *paraboloïde hyperbolique*. Pour nous représenter sa génération, concevons une hyperbole mobile, se déplaçant parallèlement au plan des zy de part et d'autre de ce plan et dont deux diamètres conjugués sont parallèles à Oz et Oy. Tant que l'hyperbole est à droite du plan des zy, les extrémités de son diamètre réel s'appuient sur la parabole située dans le plan des xy, mais quand elle passe à gauche du plan des zy les extrémités du diamètre réel s'appuient sur la parabole située dans le plan des zx ; dans le passage de l'une des régions à l'autre, l'hyperbole mobile se réduit à ses asymptotes.

17. *Remarque.* Ces deux surfaces admettent un même mode de génération.

Si, en effet, on coupe la surface par un plan parallèle aux xy, la section a pour équation

$$z = \pm\ \gamma \qquad y^2 = 2px \pm \frac{p\gamma^2}{p''}$$

toutes les paraboles représentées par ces équations sont égales.

On voit donc que la surface peut être considérée comme engendrée par la parabole BAC se mouvant parallèlement à elle-même, tandis que le point A de cette parabole s'appuie sur la parabole DAE. Si la parabole DAE est dirigée dans le même sens que la parabole mobile (fig. 8), on obtient le paraboloïde elliptique, et le paraboloïde hyperbolique, si elle est dirigée en sens contraire (fig. 9).

3° *Cas particuliers.*

18. *Le coefficient de l'un des carrés est nul:*

$$P'' = 0.$$

L'équation se réduit à

$$P'y^2 = 2Qx.$$

équation d'un cylindre parabolique, dont les génératrices sont parallèles à Oz.

Le coefficient du terme du premier degré est nul: $Q = 0$.
L'équation devient

$$P'y^2 \pm P''z^2 = 0 :$$

elle représente l'axe des x ou deux plans qui se coupent suivant cet axe.

Il résulte de la discussion précédente que l'équation (B_1) ne peut représenter d'autres surfaces que celles que nous venons de trouver.

CHAPITRE II.

DISCUSSION DES ÉQUATIONS NUMÉRIQUES.

I.

Tableau général des différentes formes d'équations auxquelles on reconnaît la nature des surfaces du second ordre.

19. Si on désigne par X, Y, Z trois polynomes du premier degré par rapport aux variables, toutes les fois qu'une équation du deuxième degré sera ramenée à l'un des types :

$$X^2 \pm Y^2 \pm Z^2 = \pm H,$$

$$Y^2 \pm Z^2 \pm X = 0,$$

on reconnaîtra la nature de la surface par le tableau suivant, où les signes sont en évidence :

$X^2+Y^2+Z^2 = H$	Ellipsoïde.
$X^2+Y^2+Z^2 = 0$	Un point.
$X^2+Y^2+Z^2 = - H$	Rien.
$X^2+Y^2-Z^2 = +H$ ou $X^2+YZ = +H$	Hyperboloïde à une nappe.
$X^2+Y^2-Z^2 = 0$ ou $X^2+YZ = 0$.	Cône.
$X^2+Y^2-Z^2 = -H$ ou $XY = -H$.	Hyperboloïde à deux nappes.
$X^2 + Y^2 = H$	Cylindre elliptique.
$X^2 + Y^2 = 0$	Une droite.
$X^2 + Y^2 = -H$	Rien.
$X^2 - Y^2 = 0$ ou $XY = 0$.	Deux plans.
$X^2 - Y^2 = \pm H$ ou $XY = \pm H$.	Cylindre hyperbolique.
$Y^2 + Z^2 = X$	Paraboloïde elliptique.
$Y^2 - Z^2 = X$ ou $YZ = X$.	Paraboloïde hyperbolique.
$Y^2 = X$	Cylindre parabolique.

Comme on sait toujours mettre une équation donnée sous l'une des formes précédentes et qu'une équation ne représente qu'une seule surface parfaitement déterminée, on est sûr quelle que soit la méthode à l'aide de laquelle on transforme l'équation, de reconnaître sous cette nouvelle forme la véritable nature de la surface qu'elle représente.

II.

Réduction d'une équation numérique donnée à l'un des types précédents.

20. Quand on donne une équation numérique, la seule inspection de l'équation suffit quelquefois pour la mettre sous une forme propre à reconnaître la nature de la surface.

Il n'est pas indispensable, en effet, que les polynômes X, Y, Z aient la forme indiquée plus haut. Ils pourraient contenir tous les trois x, y, z, pourvu que les trois équations $X = 0$, $Y = 0$, $Z = 0$, admettent une solution unique. Elles représentent alors trois plans qui se coupent et que l'on peut prendre pour plans coordonnés.

Cette remarque est importante, ainsi l'équation

$$(x - az - p)^2 + (y - bz - q)^2 + [q(x - a) - p(y - b)]^2 = k^2$$

ne représente pas un ellipsoïde, mais bien un cylindre, comme on peut s'en assurer en ramenant l'équation à la forme ordinaire.

Cette contradiction apparente tient à ce que l'équation

$$q(x - a) - p(y - b) = 0$$

est une conséquence des deux équations :

$$x - az - p = 0, \quad y - bz - q = 0.$$

On opérera toujours d'une manière certaine, soit en résolvant l'équation comme il a été dit plus haut, soit en employant la méthode que nous allons indiquer :

21. Considérons d'abord un trinôme du deuxième degré :

$$kx^2 + 2lx + m$$

2

sa demi-dérivée est $kx + l$, et on peut écrire le trinôme

$$\frac{1}{k} (kx + l)^2 + p - \frac{l^2}{k}$$

ou

$$\frac{1}{k} (kx + l)^2 + h.$$

Soit maintenant un polynôme du deuxième degré à deux variables :

$$ay^2 + 2bxy + cx^2 + 2dy + 2ex + f;$$

la demi-dérivée par rapport à y est $ay + bx + d$ et on peut écrire le polynôme

$$\frac{1}{a} (ay + bx + d)^2 + \left(c - \frac{b^2}{a} \right) x^2 + 2 \left(e - \frac{bd}{a} \right) x + f - \frac{d^2}{a}$$

ou, d'après ce qui précède :

$$\frac{1}{a} (ay + bx + d)^2 + \frac{1}{k} (kx + l)^2 + h.$$

Soit enfin un polynôme du deuxième degré à trois variables :

$$Az^2 + A'y^2 + A''x^2 + 2Bxy + 2B'xz + 2B''yz + 2Cz + 2C'y + 2C''x + F;$$

la demi-dérivée par rapport à z est

$$Az + B'x + B''y + C,$$

et l'on peut écrire le polynôme

$$\frac{1}{A} (Az + B''y + B'x + C)^2 + \left(A' - \frac{B''^2}{A} \right) y^2 + 2 \left(B - \frac{B''B'}{A} \right) xy$$
$$+ \left(A'' - \frac{B'^2}{A} \right) x^2 + 2 \left(C' - \frac{B''C}{A} \right) y$$
$$+ 2 \left(C'' - \frac{B'C}{A} \right) x + F - \frac{C^2}{A}$$

ou

$$\frac{1}{A} (Az + B''y + B'x + C)^2 + ay^2 + 2bxy + cx^2 + 2dy + 2ex + f$$

et d'après ce qui précède

$$\frac{1}{\Lambda}\,(\Lambda z + By + B'x + C)^2 + \frac{1}{a}\,(ay + bx + d)^2 + \frac{1}{k}\,(kx + l)^2 + h.$$

Cette forme ne diffère pas de celle qui a été trouvée § 2 ; le désaccord apparent tient à ce que les quantités a, k, etc. n'ont pas identiquement la même signification.

22. D'après cela, on peut généralement poser la règle suivante :

L'équation du second degré étant

$$\left.\begin{aligned}Az^2 + A'y^2 + A''x^2 + 2Bxy + 2B'xz + 2B''yz \\ + 2Cz + 2C'y + 2C''x + F\end{aligned}\right\} = 0,$$

on prendra la demi-dérivée par rapport à z, on l'élèvera au carré et on divisera par le coefficient de z^2, on retranchera les termes introduits, on aura un polynôme du second degré en x et y.

On en prendra la demi-dérivée par rapport à y, on l'élèvera au carré et on divisera par le coefficient de y^2 ; on retranchera les termes introduits et on aura un polynôme du second degré en x.

On en prendra la demi-dérivée, on l'élèvera au carré et on divisera par le coefficient de x^2, on retranchera le terme introduit et le premier membre de l'équation sera mis sous la forme voulue.

23. Il peut arriver que k, a, Λ soient nuls, et alors la règle précédente ne s'applique pas complétement.

Si $k = 0$, le dernier terme est du premier degré en x.

Si $a = 0$, sans que c soit nul, la règle subsiste.

Si a et c sont nuls, le polynôme en x et y est

$$bxy + dy + ex + f;$$

les dérivées par rapport à y et x sont $bx + d$ et $by + e$, et le polynôme peut s'écrire

$$\frac{1}{b}\,(bx + d)\,(by + e) + f - \frac{dc}{b}.$$

Si A est nul, sans que A' et A'' le soient, on pourra encore suivre la règle précédente.

S'ils sont nuls tous trois, le polynôme devient

$$Bxy + B'xz + B''yz + Cz + C'y + C''x + F.$$

Les dérivées par rapport à z et y, sont $B''y + B'x + C$ et $B''z + Bx + C'$, et le polynôme peut s'écrire

$$\frac{1}{B''}(B''y + B'x + C)(B''z + Bx + C') - \frac{B'B}{B''}x^2 + \left(C'' - \frac{CB + B'C'}{B''}\right)x + F - \frac{CC'}{B''};$$

on voit donc comment dans tous les cas l'emploi des dérivées permettra d'effectuer facilement la décomposition.

III.

Exemples.

24. Appliquons les méthodes précédentes à quelques exemples :
Exemple I. Soit l'équation

$$4z^2 - 8y^2 + 12x^2 + 4yz - 12xz - 12xy - 4z - 8y - 8x + 5 = 0,$$

en résolvant par rapport à z on a :

$$z = \frac{-4y + 12x + 4}{8} \pm \frac{1}{2}\sqrt{9y^2 + 6xy - 3x^2 + 6y + 14x - 4},$$

ou

$$(2z + y - 13x - 1)^2 - (9y^2 + 6xy - 3x^2 + 6y + 14x - 4) = 0;$$

égalons à zéro la seconde parenthèse, on a :

$$y = -\frac{x + 1}{3} \pm \frac{1}{3}\sqrt{4x^2 - 12x + 5} \text{ ou}$$

$$(3y + x + 1)^2 - (2x - 3)^2 + 4,$$

en sorte que l'équation peut s'écrire

$$(2z + y - 3x - 1)^2 - (3y + x + 1)^2 + (2x - 3)^2 = 4;$$

elle est de la forme

$$X^2 - Y^2 + Z^2 = H;$$

la surface est donc un hyperboloïde à une nappe.

Si nous voulons employer les dérivées, formons d'abord

$$\frac{1}{4} (4z + 2y - 6x - 2)^2$$

ou, en simplifiant,

$$(2z + y - 3x - 1)^2$$

retranchons les termes ajoutés, on a :

$$(2z + y - 3x - 1)^2 - 9y^2 - 6xy + 3x^2 - 6y - 14x + 4 ;$$

formons en second lieu,

$$- \frac{1}{9} (9y + 3x + 3)^2 \quad \text{ou} \quad - (3y + x + 1)^2,$$

retranchons les termes ajoutés, on a :

$$- (3y + x + 1)^2 + 4x^2 - 12x + 5 ;$$

formons enfin

$$\frac{1}{4} (4x - 6)^2 = (2x - 3)^2,$$

l'équation s'écrit finalement

$$(2z + y - 3x - 1)^2 - (3y + x + 1)^2 + (2x - 3)^2 - 4 = 0,$$

ce que nous avons déjà trouvé plus haut.

25. *Exemple II.* Soit encore

$$x^2 + y^2 - 2z^2 + 2yz + 2xz + 2xy - 4x - 2y + 2z = 0.$$

Par l'une ou l'autre méthode on trouve d'abord que l'équation peut s'écrire

$$(x + y + z - 2)^2 - 3z^2 + 2y + 6z - 4 = 0,$$

et la décomposition est achevée, l'équation est de la forme

$$Y^2 - Z^2 = X ;$$

elle représente par conséquent un paraboloïde hyperbolique.

26. *Exemple III.* Soit une équation renfermant un paramètre variable :

$$yz + xz + xy - x - 2y - 3z + 2 - m = 0,$$

on pourra l'écrire

$$(y + x - 3)(z + x - 2) - x^2 + 4x - 4 - m = 0,$$

puis

$$(y + x - 3)(z + x - 2) - (x - 2)^2 - m = 0,$$

équation de la forme

$$YZ - X^2 = m.$$

Elle représente, suivant que m est positif, négatif ou nul, un hyperboloïde à deux nappes, un hyperboloïde à une nappe ou un cône.

27. *Exemple IV*. Prenons pour dernier exemple l'équation

$$x^2 + (2m^2 + 1)(y^2 + z^2) - 2xy - 2xz - 2yz = 2m^2 - 3m + 1.$$

Elle s'écrit sous la forme

$$(x - y - z)^2 + \frac{2}{m^2}(m^2 y - z)^2 + 2m^2 z^2 - \frac{2z^2}{m^2} = 2m^3 - 3m + 1$$

ou

$$m^2(x - y - z)^2 + 2(m^2 y - z)^2 + 2(m^4 - 1)z^2 = 2m^2\left(m - \frac{1}{2}\right)(m - 1).$$

Faisons dans cette équation ou dans la précédente varier m de $+\infty$ à $-\infty$; il est facile de former le tableau suivant:

Valeurs de m.	Surfaces représentées par l'équation.
$m = \infty$	Cylindre circulaire.
$m > 1$	Ellipsoïde.
$m = 1$	Une droite.
$\frac{1}{2} < m < 1$	Hyperboloïde à deux nappes.
$m = \frac{1}{2}$	Cône.
$0 < m < \frac{1}{2}$	Hyperboloïde à une nappe.
$m = 0$	*id.*
$- 1 < m < 0$	*id.*
$m = - 1$	Cylindre elliptique.
$m < - 1$	Ellipsoïde.
$m = - \infty$	Cylindre circulaire.

CHAPITRE III.

CENTRES, PLANS DIAMÉTRAUX, PLANS TANGENTS.

I.

Centres.

28. Nous avons vu que l'équation

$$X^2 \pm Y^2 \pm Z^2 = \pm H$$

représente, en général, une surface douée.de centre. Les coordonnées de ce point sont données par les équations

$$X = 0, \quad Y = 0, \quad Z = 0;$$

la première ne renferme que x, la seconde x et y et la troisième x, y, z, de sorte qu'on en tire sans élimination les valeurs de ces coordonnées. Toutefois on peut déterminer le centre sans effectuer préalablement la décomposition de l'équation et nous allons indiquer d'une manière générale la marche à suivre pour l'obtenir, la surface étant représentée par

$$f(x, y, z) = 0.$$

On appelle *centre* d'une surface quelconque un point qui divise en parties égales toutes les cordes qui y passent. Si l'origine est centre, il est aisé de voir qu'à chaque point x, y, z en répond un autre $(-x, -y, -z)$; donc les deux équations

$$f(x, y, z) = 0, \quad f(-x, -y, -z) = 0$$

devront admettre les mêmes solutions.

Réciproquement, toutes les fois que cette condition sera remplie, à chaque point pris sur la surface correspondra un second point symétrique du premier, par rapport à l'origine que dès lors sera centre.

Ainsi la condition nécessaire et suffisante pour que l'origine soit centre, c'est que l'équation reste la même quand on y change x, y, z en $- x$, $- y$ et $- z$.

29. Développons cette condition pour les surfaces du second ordre.

Désignons par $f(x, y, z)$ le premier membre de l'équation générale

$$\left.\begin{aligned}A z^2 + A' y^2 + A'' x^2 + 2B xy + 2B' xz + 2B'' yz \\ + 2C z + 2C' y + 2C'' x + F\end{aligned}\right\} = 0;$$

transportons l'origine au point $x'\, y'\, z'$, l'équation devient

$$\left.\begin{aligned}f(x + x', y + y', z + z') = A z^2 + A' y^2 + A'' x^2 + 2B xy \\ + 2B' xz + 2B'' yz + z f'_z(x', y', z') + y f'_y(x', y', z') \\ + x f'_x(x', y', z') + f(x', y', z')\end{aligned}\right\} = 0.$$

Si l'origine est centre, l'équation devra rester la même quand on y changera x, y, z en $- x$, $- y$, $- z$, ce qui exige que l'on ait

$$f'_x(x', y', z') = 0 \qquad f'_y(x', y', z') = 0 \qquad f'_z(x', y', z') = 0,$$

ou bien :

$$A z + B' x + B'' y + C = 0,$$
$$A' y + B x + B'' z + C' = 0,$$
$$A'' x + B y + B' z + C'' = 0.$$

L'expression générale des valeurs de x, y, z ne nous offre aucun intérêt, nous nous bornerons à faire observer que toutes les fois que les équations seront compatibles, elles détermineront un centre unique ; la surface représente alors une ellipsoïde, un hyperboloïde ou un cône. Lorsque l'une des équations est incompatible avec le système des deux autres ou qu'elles sont deux à deux incompatibles, la surface est dépourvue de centre, elle est donc un paraboloïde ou un cylindre parabolique.

Si l'une d'elles est une conséquence des deux autres, la surface a une infinité de centres situés en ligne droite, c'est donc un cylindre elliptique ou hyperbolique.

Enfin, si les trois équations se réduisent à une seule, il y a une infinité de centres situés dans un plan : la surface se compose de deux plans parallèles.

30. *Remarque.* Lorsque l'équation

$$f(x, y, z) = 0$$

est algébrique et d'un degré supérieur au second, le résultat de la substitution de

$$x + x', \; y + y', \; z + z',$$

dans le premier membre donne un polynôme du degré m en x, y, z et il faut égaler à 0 les coefficients des termes qui ne sont pas de même parité que le degré de l'équation. Avec un peu d'attention, on reconnaît que les coefficients de

$$x^{m-1}, \; y^{m-1}, \; z^{m-1}$$

sont du premier degré en x' y' z'. Ces coefficients devant être nuls, on a d'abord trois équations du premier degré auxquelles on devra joindre les équations de condition obtenues en égalant à 0 les coefficients des termes qui doivent encore disparaître, de telle sorte qu'en général la surface n'admettra pas de centre.

Comme les coordonnées de ce point, lorsqu'il existe, sont déterminées par trois équations du premier degré, la surface ne peut avoir plusieurs centres, à moins d'en avoir une infinité, dont le lieu est alors une ligne droite ou un plan.

II.

Plans diamétraux.

31. Nous avons déjà reconnu l'existence de plans diamétraux dans les surfaces du second degré.

On appelle, en général, *surface diamétrale* le lieu des points milieu des cordes parallèles à une même direction.

Nous nous bornerons à chercher ce lieu dans les surfaces du second ordre.

Soient

$$x = mz,$$
$$y = nz,$$

les équations que déterminent une direction de cordes et représentons pour abréger par

$$f\,(x, y, z) = 0$$

l'équation générale du second degré.

Transportons l'origine au point x', y', z' milieu d'une corde ; les équations de la corde deviennent

$$x = mz \qquad y = nz$$

et celle de la surface

$$f\,(x + x', \quad y + y', \quad z + z') = 0.$$

Ces trois équations déterminent les coordonnées des points d'intersection de la corde avec la surface, en sorte que le z de ces points est donné par

$$f\,(x' + mz, y' + nz, z' + z) = 0,$$

équation du second degré qui doit admettre deux valeurs de z égales et de signes contraires; donc le coefficient de la première puissance de z doit être nul ; or l'équation développée prend la forme

$$M z^2 + \left[m f'_x(x',y',z') + n f'_y(x',y',z') + f'_z(x',y',z') \right] z + f(x',y',z') = 0.$$

La surface diamétrale est donc, en supprimant les accents :

$$m f'_x(x, y, z) + n f'_y(x, y, z) + f'_z(x, y, z) = 0,$$

ou en remplaçant les dérivées par leurs valeurs :

$$\left. \begin{aligned} &m(A''x + By + B'z + C'') + n(A'y + Bx + B''z + C') \\ &\qquad\qquad + Az + B'x + B''y + C \end{aligned} \right\} = 0,$$

équation d'un plan. Ainsi à toute direction de cordes correspond un plan diamétral.

Cette équation peut s'écrire

$$(A''m + Bn + B') x + (A'n + Bm + B'') y + (A + B'm + B''n)z \atop + C''m + C'n + C \Big\} = 0.$$

Les coefficients des variables x, y, z sont respectivement les dérivées par rapport à x, y, z, des termes du second degré dans lesquels on remplace x par m, y, par n et z par 1 ; le terme tout connu se forme en faisant dans les termes du premier degré les mêmes substitutions.

32. Si l'équation $f(x, y, z) = 0$ est sous l'une des formes (A_1) ou (B_1) le plan conjugué de la direction $x = mz$, $y = nz$ est

$$Pmx + P'ny + P''z = 0$$

ou

$$P'ny + P''z = Qm.$$

On voit que dans les surfaces à centre tous les plans diamétraux passent par le centre, et que dans les surfaces dépourvues de centre ils sont tous parallèles à une même direction, l'axe des x.

Réciproquement :

Dans les surfaces à centre, tout plan passant par le centre est un plan diamétral. Car on peut toujours identifier l'équation d'un pareil plan avec celle d'un plan diamétral

$$Pmx + P'ny + P''z = 0$$

et déterminer m et n.

On verrait de même que dans les surfaces dépourvues de centre, tout plan parallèle à la direction suivant laquelle se coupent tous les plans diamétraux, est aussi diamétral.

33. *Plans diamétraux conjugués.* Dans les surfaces à centre on appelle plans diamétraux conjugués, trois plans tels que chacun d'eux coupe en parties égales les cordes parallèles à l'intersection des deux autres.

Il est aisé de voir qu'il existe une infinité de plans diamétraux conjugués.

En effet, soit une surface à centre, menons par ce point un

plan, il coupe la surface suivant une ligne du second ordre. Considérons dans cette section deux diamètres conjugués ; par chacun de ces diamètres et le diamètre conjugué du plan sécant, menons deux autres plans ; les trois plans ainsi définis formeront un système des trois plans diamétraux conjugués. Car chacun de ces plans divise en parties égales les cordes situées dans les deux autres et parallèles à leur intersection ; et il est évident que toute corde parallèle à cette direction est coupée de la même manière. Les intersections de ces plans diamétraux deux à deux forment un système de diamètres conjugués. Ainsi dans les surfaces à centre il y a une infinité de systèmes de plans diamétraux conjugués et une infinité de systèmes de diamètres conjugués.

Dans les surfaces dépourvues de centre, il n'y a pas de plans diamétraux conjugués.

III.

Plan tangent.

34. Nous admettrons que les tangentes aux diverses courbes que l'on peut tracer sur une surface par un point pris sur cette surface, sont en général situées dans un même plan qu'on nomme plan tangent. Cette propriété s'établit ordinairement en géométrie descriptive.

D'après cette définition du plan tangent il suffit de trouver l'équation d'un plan passant par deux tangentes.

Soit $f(x, y, z) = 0$ l'équation d'une surface, x', y', z' les coordonnées d'un de ses points. Nous choisirons les tangentes en x' y' z' aux sections faites parallèlement aux plans des zx et des zy.

La section parallèle au plan des zx est donnée par les équations

$$y = y' \qquad f(x, y', z) = 0,$$

la tangente au point x' y' z' sera

$$y = y' \quad \text{et} \quad (x - x') f'_x + (z - z') f'_z = 0,$$

de même la tangente à la section parallèle au plan zy aura pour équation

$$x = x' \quad \text{et} \quad (y - y') f'_y + (z - z') f'_z = 0;$$

le plan donné par l'équation

$$(x - x') f'_x + (y - y') f'_y + (z - z') f'_z = 0$$

passera évidemment par ces deux tangentes et sera, par conséquent, le plan tangent au point x', y', z'.

Il ne faut pas perdre de vue que les coordonnées x', y', z' du point de contact doivent être substituées dans les dérivées par rapport à x, y et z.

35. D'après cela, le plan tangent en un point x', y', z' à une surface du second degré douée de centre a pour équation

$$Pxx' + P'yy' + P''zz' = H,$$

x' y' z' satisfaisant à la relation

$$Px'^2 + P'y'^2 + P''z'^2 = H.$$

Les équations du diamètre mené au point de contact sont

$$\frac{x}{x'} = \frac{y}{y'} = \frac{z}{z'},$$

et le plan diamétral conjugué est représenté par

$$Pxx' + P'yy' + P''zz' = 0.$$

Donc le plan tangent à l'extrémité d'un diamètre est parallèle au plan conjugué de ce diamètre.

36. L'équation du plan tangent en un point x', y', z' d'une surface dépourvue de centre est

$$P'yy' + P''zz' = Q(x + x')$$

d'ailleurs, à la direction $x = mz$, $y = nz$ d'un système de cordes répond le plan diamétral

$$P'ny + P''z = Qm;$$

pour que ce plan passe par le diamètre mené par le point x' y' z', il faut que l'on ait

$$\mathrm{P}'ny' + \mathrm{P}''z' = \mathrm{Q}m,$$

relation qui exprime que les cordes conjuguées du plan sont parallèles au plan tangent au point x', y', z'.

Donc *le plan tangent à l'extrémité d'un diamètre est parallèle aux cordes que divise en parties égales tout plan passant par ce diamètre.*

Remarque. D'après cela on voit que dans le paraboloïde

$$\mathrm{P}'y^2 + \mathrm{P}''z^2 = 2\mathrm{Q}x$$

le plan des yz est tangent à la surface à l'origine.; car les cordes parallèles à l'axe des y et à l'axe des z sont divisées en deux parties égales par les deux plans coordonnés qui se coupent suivant $\mathrm{O}x$.

CHAPITRE IV.

PLANS PRINCIPAUX. — ÉQUATIONS DES SURFACES DU SECOND ORDRE RAPPORTÉES A LEURS AXES.

I.

Recherche d'un système de cordes principales.

37. Nous venons de voir qu'une surface du second degré a une infinité de plans diamétraux. Nous allons chercher s'il en existe qui soient perpendiculaires aux cordes qu'ils coupent en parties égales.

Comme nous allons faire cette recherche sur l'équation simplifiée et qu'alors la surface est rapportée à des plans diamétraux conjugués obliques, établissons d'abord les conditions pour qu'une droite

$$x = mz \qquad y = nz$$

soit perpendiculaire au plan

$$px + qy + z = 0,$$

les axes coordonnés faisant entre eux les angles λ, μ, ν.

38. Considérons une sphère

$$x^2 + y^2 + z^2 + 2xy \cos \nu + 2xz \cos \mu + 2yz \cos \lambda = R^2$$

et le plan tangent au point x, y, z. En désignant par ξ, η, ζ, les coordonnées courantes, ce plan a pour équation

$$(x + y \cos \nu + z \cos \mu)\, \xi + (y + x \cos \nu + z \cos \lambda)\, \eta \\ + (z + x \cos \mu + y \cos \lambda)\, \zeta \Big\} = R^2,$$

exprimons qu'il est parallèle au plan

$$px + qy + z = 0.$$

Nous aurons les conditions

$$\frac{x + y\cos\nu + z\cos\mu}{p} = \frac{y + x\cos\nu + z\cos\lambda}{q} = \frac{z + x\cos\mu + y\cos\lambda}{1}.$$

Mais si la droite $x = mz$ $y = nz$ est perpendiculaire à ce plan, les coordonnées x, y, z du point de contact satisfont aux équations de la droite, les conditions cherchées sont donc les suivantes :

$$\frac{m + n\cos\nu + \cos\mu}{p} = \frac{n + m\cos\nu + \cos\lambda}{q} = \frac{l + m\cos\mu + n\cos\lambda}{1}.$$

39. Cela posé, l'équation d'une surface quelconque du second ordre peut s'écrire

$$P x^2 + P'y^2 + P''z^2 - 2Qx = H,$$

le plan diamétral qui divise en parties égales les cordes parallèles à $x = mz$, $y = nz$ a pour équation

$$mPx + nP'y + P''z - Qm = 0,$$

d'où

$$p = \frac{mP}{P''} \qquad q = \frac{nP}{P''}$$

et les conditions précédentes deviennent

$$\frac{m + n\cos\nu + \cos\mu}{mP} = \frac{n + m\cos\nu + \cos\lambda}{nP'} = \frac{1 + m\cos\mu + n\cos\lambda}{P''} = s.$$

s étant une inconnue auxiliaire égale à la valeur commune de ces rapports. On a ainsi trois équations :

$$- m\cos\mu - n\cos\lambda + P''s - 1 = 0,$$
$$m(Ps - 1) - n\cos\nu - \cos\mu = 0,$$
$$- m\cos\nu + n(P's - 1) - \cos\lambda = 0.$$

Si on élimine m et n, on obtiendra une équation du troisième degré en s et à chaque valeur de s répondra un système unique de valeurs de m et n.

On tire, en effet, des deux dernières

$$m = \frac{(P's - 1)\cos\mu + \cos\lambda\cos\nu}{(Ps - 1)(P's - 1) - \cos^2\nu}, \quad n = \frac{(Ps - 1)\cos\lambda + \cos\mu\cos\nu}{(Ps - 1)(P's - 1) - \cos^2\nu}$$

et en substituant dans la première, il vient :

$$s^3 - \left(\frac{1}{P} + \frac{1}{P'} + \frac{1}{P''}\right)s^2 + \left(\frac{\sin^2\lambda}{P'P''} + \frac{\sin^2\mu}{PP''} + \frac{\sin^2\nu}{PP'}\right)s$$
$$+ \frac{1}{PP'P''}(\cos^2\lambda + \cos^2\mu + \cos^2\nu - 2\cos\lambda\cos\mu\cos\nu - 1) \Bigg\} = 0.$$

L'équation en s, étant du troisième degré, a au moins une racine réelle à laquelle correspond un système de valeurs de m et n, qui déterminent une direction de cordes perpendiculaires à leur plan conjugué. Ces cordes se nomment *principales* et le plan diamétral conjugué s'appelle *plan principal*, enfin la section de la surface par un plan principal est une *section principale*.

40. L'existence d'un système des cordes principales étant établie, considérons d'abord une surface à centre.

Par le centre de la surface menons un diamètre parallèle à la direction de ces cordes et un plan perpendiculaire à ce diamètre. Ce plan sera un plan principal et coupera la surface suivant une courbe ayant même centre que la surface.

Les axes de cette section forment avec le diamètre considéré un système de trois diamètres conjugués rectangulaires, les plans déterminés par ces diamètres pris deux à deux seront conjugués et principaux. Il y a donc dans une surface à centre trois systèmes de cordes principales et, par conséquent, l'équation en s a ses trois racines réelles.

Si l'on prend les trois plans principaux pour plans coordonnés, l'équation de la surface sera

$$\frac{x^2}{a^2} + \frac{y^2}{b^2} \pm \frac{z^2}{c^2} = \pm 1 ;$$

a, b, c étant les demi-axes des sections principales ; on les nomme aussi les *demi-axes de la surface*.

41. Dans les surfaces dépourvues de centre, $P = 0$, et l'équation en s a une racine infinie à laquelle correspond une direction de cordes principales, parallèle à l'axe des x.

En effet on tire des relations précédentes

$$\frac{n}{m} = \frac{\left(P - \frac{1}{s}\right)\cos\lambda + \dfrac{\cos\mu\,\cos\nu}{s}}{\left(P' - \frac{1}{s}\right)\cos\mu + \dfrac{\cos\lambda\,\cos\nu}{s}}$$

Ce rapport se réduit à zéro pour $P = 0$ et $s = \infty$, il faut donc que l'on ait $n = 0$ ou $m = \infty$, mais on ne saurait avoir $n = 0$, m restant fini, car l'équation

$$- m\cos\mu - n\cos\lambda + P''s - 1 = 0$$

ne pourrait être satisfaite, puisque P'' n'est pas nul, il faut donc que m soit infini. D'après cela les équations qui déterminent la direction des cordes principales,

$$z = \frac{x}{m} \qquad y = \frac{n}{m}\,x,$$

donnent $z = 0$, $y = 0$, c'est-à-dire l'axe des x.

Quant au plan diamétral conjugué, son équation

$$mPx + nP'y + P''z - Qm = 0$$

devient en divisant par m et faisant $P = 0$ et $m = \infty$,

$$Q = 0,$$

équation impossible, le plan diamétral conjugué de ce système de cordes principales est rejeté à l'infini.

Coupons la surface par un plan perpendiculaire à ces cordes, la section sera une courbe à centre et si par les axes de cette section on mène deux plans diamétraux, il est évident que chacun d'eux divisera en parties égales les cordes qui lui sont perpendiculaires. Ces deux plans seront donc principaux. Il résulte de là que dans le cas où $P = 0$, les racines de l'équation en s sont encore réelles.

Si l'on mène le plan tangent à l'extrémité du diamètre, suivant lequel se coupent ces plans principaux, on aura un système de trois plans rectangulaires qu'on pourra prendre pour plans coordonnés et d'après ce qui a été dit plus haut, l'équation de la surface sera

$$\frac{y^2}{p} \pm \frac{z^2}{p'} = 2x,$$

p et p' étant les paramètres des paraboles principales.

CHAPITRE V.

ÉTUDE DES PROPRIÉTÉS DES SURFACES DU SECOND ORDRE.

I.

Ellipsoïde.

42. L'équation de l'ellipsoïde rapportée à ses axes est

$$\frac{x^2}{a^2} + \frac{y^2}{b^2} + \frac{z^2}{c^2} = 1.$$

On peut répéter ce que nous avons dit § 8, pour se rendre compte de la forme déjà connue de la surface. Cette nouvelle équation ne se distingue de la première que par la signification de a, b, c, qui sont ici les demi-axes de l'ellipsoïde et non un système de demi-diamètres conjugués obliques.

On voit que la surface est engendrée par une ellipse semblable et parallèle à l'une des sections principales et dont les sommets s'appuient sur les deux autres.

Si $a = b$, l'ellipsoïde est de révolution autour de Oz; en effet, toutes les sections parallèles au plan des xy sont des cercles ayant leur centre sur Oz, tous les plans conduits par Oz coupent donc la surface suivant des ellipses égales et elle peut être considérée comme engendrée par la révolution de l'une de ces ellipses autour de Oz.

43. *Sections planes de l'ellipsoïde.* Pour étudier les sections planes des surfaces du second degré, établissons d'abord le lemme suivant :

Une courbe du second degré et sa projection cylindrique sont de même espèce.

En effet, un cylindre dont la directrice est une courbe du second ordre, est lui-même du second ordre et ses sections planes sont toutes des courbes du même degré et évidemment de même espèce.

44. *Toute section plane, faite dans un ellipsoïde, est une ellipse.*

En effet, l'équation du plan sécant

$$z = mx + ny + k,$$

combinée avec celle de l'ellipsoïde, donne par l'élimination de z

$$x^2 \left(\frac{1}{a^2} + \frac{m^2}{c^2} \right) + y^2 \left(\frac{1}{b^2} + \frac{n^2}{c^2} \right) + \frac{2mn}{c^2} \, xy + \text{etc.} = 0,$$

équation dans laquelle la condition $B^2 - 4AC < 0$ est toujours vérifiée.

45. *Les sections faites par des plans parallèles sont semblables.*

Ce théorème qui ressort de l'équation précédente peut aussi s'établir comme il suit : Rapportons la surface à trois plans diamétraux conjugués dont l'un est parallèle au plan sécant. D'après ce qui a été dit § 9, toutes les sections parallèles à ce plan sont semblables. De plus :

Le lieu des centres des sections parallèles est le diamètre conjugué du plan diamétral parallèle au plan sécant.

46. *Sections circulaires de l'ellipsoïde.*

Nous avons vu que la section d'un ellipsoïde par un plan est une ellipse. Il est aisé de trouver une direction du plan sécant, telle que tout plan parallèle coupe la surface suivant un cercle.

Soient en effet, OA, OB, OC les trois demi-axes de l'ellipsoïde, rangés par ordre de grandeur décroissante, décrivons dans le plan du plus grand et du plus petit axe, un cercle dont le rayon soit égal au demi-axe moyen.

Ce cercle coupera l'ellipse (a, c) en quatre points diamétralement opposés deux à deux. Soit M l'un de ces points ; le plan conduit par OM et OB déterminera une ellipse dont les axes sont égaux, et qui, par conséquent, est un cercle. Le plan symétrique par rapport au plan de l'ellipse (c, b) donnera de même un cercle.

On peut déterminer, d'après cela, l'angle, que fait le plan

sécaut avec le plan des xy par exemple, ou, ce qui revient au même, l'angle de OM avec OX. En effet,

$$\overline{OM}^2 = b^2 = z^2 + x^2 = z^2 + \frac{a^2}{c^2}(c^2 - z^2),$$

d'où

$$z^2 = c^2 \frac{b^2 - a^2}{c^2 - a^2}$$

d'ailleurs

$$z^2 = \overline{OM}^2 \sin^2\theta;$$

donc

$$\sin^2\theta = \frac{c^2}{b^2} \frac{a^2 - b^2}{a^2 - c^2}.$$

et les plans des sections circulaires ont pour équation

$$z = \pm \frac{c}{a}\sqrt{\frac{a^2 - b^2}{b^2 - c^2}} + k.$$

Nous allons voir maintenant qu'il n'existe pas d'autres plans qui coupent la surface suivant des cercles.

Pour cela, soient, θ l'angle d'un plan mené par l'origine avec le plan $x0y$, φ l'angle de sa trace sur $x0y$ avec l'axe des x; on aura l'équation de la section en substituant dans l'équation

$$\frac{x^2}{a^2} + \frac{y^2}{b^2} + \frac{c^2}{z^2} = 1,$$

les valeurs de x, y, z données par les formules connues :

$$x = x' \cos\varphi - y' \cos\theta \sin\varphi,$$
$$y = x' \sin\varphi + y' \cos\theta \cos\varphi,$$
$$z = y' \sin\theta.$$

Il vient, en supprimant les accents,

$$\left(\frac{1}{a^2}\cos^2\varphi + \frac{1}{b^2}\sin^2\varphi\right)x^2 + \left(\frac{1}{a^2}\sin^2\varphi\cos^2\theta + \frac{1}{b^2}\cos^2\varphi\cos^2\theta + \frac{1}{c^2}\sin^2\theta\right)y^2 + \left(-\frac{2}{a^2}\sin\varphi\cos\varphi\cos\theta + \frac{2}{b^2}\sin\varphi\cos\varphi\cos\theta\right)xy - \mathrm{II} = 0.$$

Soient

$$a > b > c.$$

Pour que la section soit un cercle, il faut que l'on ait

$$\sin \varphi \, \cos \varphi \, \cos \theta = 0$$

avec

$$\frac{\cos^2 \varphi}{a^2} + \frac{\sin^2 \varphi}{b^2} = \frac{1}{a^2} \sin^2 \varphi \cos^2 \theta + \frac{1}{b^2} \cos^2 \varphi \cos^2 \theta + \frac{1}{c^2} \sin^2 \theta$$

Si, pour satisfaire à la première condition, on pose $\cos \theta = 0$, la seconde donne

$$\sin^2 \varphi = \frac{b^2}{c^2} \cdot \frac{a^2 - c^2}{a^2 - b^2}$$

quantité plus grande que 1; donc on ne peut prendre $\cos \theta = 0$.

Si on pose $\sin \varphi = 0$, il vient

$$\sin^2 \theta = \frac{c^2}{a^2} \cdot \frac{a^2 - b^2}{c^2 - b^2}$$

quantité négative; on ne peut donc pas prendre $\sin \varphi = 0$.

Posons enfin

$$\cos \varphi = 0,$$

il vient

$$\sin^2 \theta = \frac{c^2}{b^2} \cdot \frac{a^2 - b^2}{a^2 - c^2}$$

quantité positive et plus petite que 1. Cette valeur détermine précisément la direction trouvée précédemment.

Plan tangent.

47. Plan tangent en un point de l'ellipsoïde.

L'équation du plan tangent en un point x', y', z', est

$$(x - x') \frac{x'}{a^2} + (y - y') \frac{y'}{b^2} + (z - z') \frac{z'}{c^2} = 0$$

ou, en réduisant,

$$\frac{xx'}{a^2} + \frac{yy'}{b^2} + \frac{zz'}{c^2} = 1.$$

Plan tangent parallèle à un plan donné.

Soit

$$z = mx + ny$$

l'équation du plan donné ; celle du plan tangent au point x', y', z' est

$$\frac{xx'}{a^2} + \frac{yy'}{b^2} + \frac{zz'}{c^2} = 1 ;$$

pour que ces deux plans soient parallèles, on doit avoir

$$\frac{c^2 x'}{a^2 z'} = -\, m, \qquad \frac{c^2 y'}{b^2 z'} = -\, n.$$

Ces deux conditions jointes à l'équation

$$\frac{x'^2}{a^2} + \frac{y'^2}{b^2} + \frac{z'^2}{c^2} = 1$$

déterminent x', y', z', et en portant ces valeurs dans l'équation du plan tangent, elle prend la forme

$$z = mx + ny \pm \sqrt{a^2 m^2 + b^2 n^2 + c^2}$$

Plan tangent par une droite donnée.

Soit

$$\begin{cases} x = rz + k \\ y = sz + l \end{cases}$$

la droite donnée.

On exprimera que cette droite est situé dans le plan représenté par l'équation ci-dessus, ce qui conduira à deux relations propres à déterminer m et n.

48. *Le parallélipipède construit sur trois demi-diamètres conjugués est équivalent au parallélipipède construit sur les trois demi-axes.*

En effet, considérons les deux systèmes de diamètres conjugués (a, b, c), (a', b', c') ; soit δ le diamètre d'intersection des plans (a, b), (a', b') ; les deux diamètres c et c' sont dans le plan diamétral conjugué de δ ; soient d le diamètre conjugué de δ dans le plan (a, b), et d' le diamètre conjugué de δ dans le plan (a', b') ; d et c, d' et c' sont conjugués, et ces quatre diamètres sont dans le même plan diamétral conjugné de δ. —

D'après cela, on voit que le parallélipipède (a, b, c) est équivalent à (δ, d, c) ; ce dernier est équivalent à (δ, c', d'), qui lui-même est équivalent à (a', b', c').(fig. 11.)

(Nous désignons ici les parallélipipèdes par leurs arêtes contiguës.)

49. *La somme des carrés de trois demi-diamètres conjugués est égale à la somme des carrés des demi-axes.*

En effet, on a

$$d^2 + \delta^2 = a^2 + b^2,$$
$$a'^2 + b'^2 = d'^2 + \delta^2,$$
$$d'^2 + c'^2 = d^2 + c^2,$$

et, ajoutant membre à membre,

$$a'^2 + b'^2 + c'^2 = a^2 + b^2 + c^2$$

50. *La somme des carrés des projections de trois diamètres conjugués sur une droite quelconque est égale à la somme des carrés des projections des axes sur cette droite.*

Nous nous appuierons, pour démontrer cette propriété sur ce que la somme des carrés des projections de deux diamètres conjugués d'une ellipse sur une droite située dans son plan est égale à la somme des carrés des projections des axes. Il est facile d'étendre ce théorème au cas où la droite n'est pas dans le plan de la courbe. En effet, soient D la droite donnée, D' sa projection sur le plan de l'ellipse ; a' et b' deux diamètres conjugués ; projetons a' et b' sur D', et projetons de nouveau sur D ; ces dernières projections ne sont autre chose que celles de a' et b' sur D. Or la somme des carrés des projections de a' et b' sur D' est constante ; donc la somme des carrés des projections sur D est aussi constante, puisque le rapport de ces deux sommes est égal au carré du cosinus de l'angle de D avec D'.

Cela posé, désignons, pour abréger, par $S_2 (a, b, c)$ la somme des carrés des projections de trois demi-diamètres sur la droite D. En se reportant à la figure, on voit que

$$S_2 (a, b, c) = S_2 (d, \delta, c),$$
$$S_2 (d, \delta, c,) = S_2 (d', \delta, c'),$$
$$S_2 (d', \delta, c') = S_2 (a', b', c'),$$

donc, en ajoutant,

$$S_2 \,(a,\, b,\, c) \;=\; S_2 \,(a',\, b',\, c').$$

51. *Corollaire.* Si on mène par le centre de l'ellipsoïde une droite, la somme des carrés des perpendiculaires abaissées sur cette droite des extrémités de trois diamètres conjugués est constante, ou, en d'autres termes :

La somme des carrés des projections de trois diamètres conjugués sur un plan est égale à la somme des carrés des projections des axes sur le même plan.

52. *La somme des carrés des faces du parallélipipède construit sur les diamètres conjugués est constante.*

Démontrons d'abord le lemme suivant :

Soient δ, c, d et δ, c', d' deux systèmes de diamètres conjugués ; c, d, c', d' seront dans le plan conjugué du diamètre commun δ. La somme des carrés des aires des parallélogrammes (δ, c), (δ, d) sera égale à la somme des carrés des aires (δ, c'), (δ, d'). En effet, on a, en projetant sur le diamètre δ, eu égard au corollaire précédent,

$$c^2 \sin^2 (\delta,\, c) + d^2 \sin^2 (\delta,\, d) = c'^2 \sin^2 (\delta,\, c') + d'^2 \sin^2 (\delta,\, d') ;$$

et en multipliant par δ^2 on arrive au lemme énoncé.

Pour abréger, désignons par (a', b') l'aire du parallélogramme construit sur deux demi-diamètres. On aura, d'après cette notation, et en se reportant à la figure :

$$(a,\, c)^2 + (b,\, c)^2 = (c,\, \delta)^2 + (c,\, \delta)^2$$
$$(c,\, \delta)^2 + (d,\, \delta)^2 = (\delta,\, c')^2 + (\delta,\, d')^2$$
$$(c',\, \delta)^2 + (c',\, d')^2 = (c',\, a')^2 + (c',\, b')^2$$
$$(c,\, d)^2 = (c',\, d')^2$$
$$(a,\, b)^2 = (a',\, \delta)^2$$
$$(\delta,\, d')^2 = (a',\, b')^2.$$

Ajoutant membre à membre, on trouve

$$(a,\, b)^2 + (a,\, c)^2 + (b,\, c)^2 = (a',\, b')^2 + (a',\, b')^2 + (b',\, c')^2.$$

53. *Longueur d'un diamètre qui fait avec les axes des angles α, β, γ.*

Les équations de ce diamètre sont

$$\frac{x}{\cos \alpha} = \frac{y}{\cos \beta} = \frac{z}{\cos \gamma}.$$

Désignons par δ la valeur commune de ces rapports; δ sera précisément la longueur du demi-diamètre, et on peut écrire :

$$\delta = \frac{\dfrac{x}{a}}{\dfrac{\cos \alpha}{a}} = \frac{\dfrac{y}{b}}{\dfrac{\cos \beta}{b}} = \frac{\dfrac{z}{c}}{\dfrac{\cos \gamma}{c}} = \frac{1}{\sqrt{\dfrac{\cos^2 \alpha}{a^2} + \dfrac{\cos^2 \beta}{b^2} + \dfrac{\cos^2 \gamma}{c^2}}}$$

d'où

$$\frac{1}{\delta^2} = \frac{\cos^2 \alpha}{a^2} + \frac{\cos^2 \beta}{b^2} + \frac{\cos^2 \gamma}{c^2}.$$

54. *La somme des carrés des inverses des trois demi-diamètres rectangulaires est égale à la somme des carrés des inverses des trois demi-axes.*

Soient, en effet, δ, δ', δ'' trois demi-diamètres rectangulaires; α, β, γ; α', β', γ'; α'', β'', γ'', les angles de chacun de ces diamètres avec Ox, Oy et Oz.

On a

$$\frac{1}{\delta^2} = \frac{\cos^2 \alpha}{a^2} + \frac{\cos^2 \beta}{b^2} + \frac{\cos^2 \gamma}{c^2}$$

$$\frac{1}{\delta'^2} = \frac{\cos^2 \alpha'}{a^2} + \frac{\cos^2 \beta'}{b^2} + \frac{\cos^2 \gamma'}{c^2}$$

$$\frac{1}{\delta''^2} = \frac{\cos^2 \alpha''}{a^2} + \frac{\cos^2 \beta''}{b^2} + \frac{\cos^2 \gamma''}{c^2}$$

d'où, en ajoutant,

$$\frac{1}{\delta^2} + \frac{1}{\delta'^2} + \frac{1}{\delta''^2} = \frac{1}{a^2} + \frac{1}{b^2} + \frac{1}{c^2}.$$

Nous proposerons comme exercice la démonstration du théorème suivant :

La somme des carrés des inverses des aires de trois sections rectangulaires est égale à la somme des carrés des inverses des aires des sections principales.

55. *Le lieu des sommets d'un angle trièdre trirectangle circonscrit à un ellipsoïde est une sphère.*

Soit donné l'ellipsoïde

$$\frac{x^2}{a^2} + \frac{y^2}{b^2} + \frac{z^2}{c^2} = 1.$$

L'équation du plan tangent peut s'écrire

$$z = mx + ny + \sqrt{a^2 m^2 + b^2 n^2 + c^2},$$

ou

$$m^2(x^2 - a^2) + n^2(y^2 - b^2) + z^2 - c^2 + 2mnxy - 2mxz - 2nyz \Big\} = 0.$$

Dans cette équation, m et n désignent les rapports

$$-\frac{\cos \alpha}{\cos \gamma}, \quad -\frac{\cos \beta}{\cos \gamma},$$

α, β, γ étant les angles du plan tangent avec les plans coordonnés, ou, ce qui est la même chose, les angles d'une normale à ce plan avec les axes ; si on substitue ces rapports dans l'équation précédente, elle devient

$$(x^2 - a^2)\cos^2\alpha + (y^2 - b^2)\cos^2\beta + (z^2 - c^2)\cos^2\gamma + 2\cos\alpha\cos\beta\, xy + 2\cos\alpha\cos\gamma\, xz + 2\cos\beta\cos\gamma\, yz \Big\} = 0.$$

Concevons deux autres plans dont les normales font les angles α', β', γ' ; α'', β'', γ'' avec les axes ; les équations de ces plans pourront s'écrire sous la forme précédente.

Ajoutons les trois équations, et remarquons qu'en vertu des relations connues, qui lient les cosinus des angles de trois droites rectangulaires avec un autre système de trois droites rectangulaires, on a

$$\cos\alpha\cos\beta + \cos\alpha'\cos\beta' + \cos\alpha''\cos\beta'' = 0, \text{ etc.}$$

$$\cos^2\alpha + \cos^2\alpha' + \cos^2\alpha'' = 1, \text{ etc.}$$

Nous aurons par l'addition

$$x^2 + y^2 + z^2 = a^2 + b^2 + c^2,$$

équation d'une sphère.

II.

Hyperboloïde à une nappe.

56. L'équation de l'hyperboloïde à une nappe, rapporté à ses axes, est

$$\frac{x^2}{a^2} + \frac{y^2}{b^2} - \frac{z^2}{c^2} = 1.$$

On reconnaît d'après ce qui a été dit § 11 que la surface est engendrée par une ellipse semblable et parallèle à celle qui est dans le plan $x0y$ et dont les sommets s'appuient sur les deux hyperboles principales, situées dans les deux autres plans coordonnés.

Si $a = b$ la surface est de révolution autour de $0z$.

57. *Sections planes de l'hyperboloïde à une nappe. Tout plan coupe l'hyperboloïde suivant une courbe qui peut être une ellipse, une parabole ou une hyperbole.*

En effet, l'équation de la projection sur $x0y$ de la section par le plan $z = mx + ny + k$ est

$$x^2 \left(\frac{1}{a^2} - \frac{m^2}{c^2} \right) + y^2 \left(\frac{1}{b^2} - \frac{n^2}{c^2} \right) - \frac{2mn}{c^2} \, xy + \text{etc.} = 0.$$

Si on forme $B^2 - 4AC$, on a

$$- \frac{1}{a^2 b^2} + \frac{m^2}{b^2 c^2} + \frac{n^2}{a^2 c^2},$$

quantité qui, suivant les valeurs de m et n peut être positive, négative ou nulle.

On verrait, comme plus haut, que :

Les sections faites par des plans parallèles sont semblables et le lieu des centres de ces sections est le diamètre conjugué du plan diamétral parallèle au plan sécant.

58. *Cône asymptote.* Considérons le cône ayant pour équation

$$\frac{x^2}{a^2} + \frac{y^2}{b^2} - \frac{z^2}{c^2} = 0.$$

Soient Z et z les ordonnées de l'hyperboloïde et du cône pour un système de valeurs de x et de y, on a

$$Z^2 - z^2 = c^2 \text{ ou } Z - z = \frac{c^2}{Z + z},$$

d'où l'on voit que la différence entre les ordonnées des deux surfaces tend vers zéro, quand z croit. Pour cette raison le cône s'appelle cône asymptote de l'hyperboloïde.

Si l'on coupe les deux surfaces par un plan, les projections des sections sont des courbes semblables et concentriques. Ainsi :

59. *Les sections planes de l'hyperboloïde et du cône asymptote sont des courbes semblables, concentriques et semblablement placées.*

Il résulte de là un moyen facile de reconnaître la nature de la section faite dans l'hyperboloïde par un plan, il suffira, en effet, de savoir la nature de la section faite dans le cône.

Or, il est aisé de s'assurer que la section du cône par un plan est une ellipse, si le plan mené par l'origine parallèlement au plan sécant ne coupe pas la surface, que cette section est une parabole si ce plan est tangent au cône, et une hyperbole si ce plan rencontre le cône suivant deux génératrices. Les mêmes caractères feront donc connaître la nature de la section faite dans l'hyperboloïde.

60. *Le cône asymptote est le lieu des asymptotes à toutes les sections hyperboliques faites dans la surface par des plans menés par le centre.*

En effet, les asymptotes de ces sections sont données par

$$z = mx + ny$$

avec

$$x^2 \left(\frac{1}{a^2} - \frac{m^2}{c^2} \right) + y^2 \left(\frac{1}{b^2} - \frac{n^2}{c^2} \right) - \frac{2mnxy}{c^2} = 0,$$

équation identiques avec celles qu'on obtiendrait en coupant par le plan

$$z = mx + ny$$

le cône représenté par

$$\frac{x^2}{a^2} + \frac{y^2}{b^2} - \frac{z^2}{c^2} = 0.$$

61. *Sections circulaires.*

Une construction analogue à celle que nous avons employée pour l'ellipsoïde nous donnera les sections circulaires.

En effet, soit $a > b$; décrivons dans le plan des zy et de l'origine comme centre, un cercle de rayon a ; ce cercle coupera l'hyperbole principale située dans ce plan en quatre points diamétralement opposés deux à deux. Soit M l'un de ces points ; le plan passant par l'axe a et par OM coupera la surface suivant un cercle et il en sera de même de tout plan parallèle ; cette construction donne deux directions de sections circulaires symétriquement placées par rapport au plan zOy.

Un calcul tout semblable à celui qui a été fait pour l'ellipsoïde montre qu'il n'existe que ces deux directions.

62. *Génératrices rectilignes de l'hyperboloïde à une nappe.*

L'équation de l'hyperboloïde à une nappe peut s'écrire

$$\frac{y^2}{b^2} - \frac{z^2}{c^2} = 1 - \frac{x^2}{a^2}$$

ou

$$\left(\frac{y}{b} + \frac{z}{c}\right) \left(\frac{y}{b} - \frac{z}{c}\right) = \left(1 + \frac{x}{a}\right) \left(1 - \frac{x}{a}\right)$$

Considérons les équations

$$(\lambda) \begin{cases} \dfrac{y}{b} + \dfrac{z}{c} = \lambda \left(1 + \dfrac{x}{a}\right) \\ \dfrac{y}{b} - \dfrac{z}{c} = \dfrac{1}{\lambda} \left(1 - \dfrac{x}{a}\right) \end{cases} \qquad (\mu) \begin{cases} \dfrac{y}{b} + \dfrac{z}{c} = \mu \left(1 - \dfrac{x}{a}\right) \\ \dfrac{y}{b} - \dfrac{z}{c} = \dfrac{1}{\mu} \left(1 + \dfrac{x}{a}\right) \end{cases}$$

Nous pourrons regarder l'équation de l'hyperboloïde comme résultant de l'élimination de λ entre les équations (λ) ou de μ

entre les équations (μ). Chacune des équations (λ) représente un plan, prises simultanément elles représentent une droite; l'hyperboloïde peut donc être considéré comme le lieu des intersections des plans (λ), ou encore comme le lieu des intersections des plans (μ). Ainsi les équations (λ) et les équations (μ) représentent deux systèmes de droites situées sur l'hyperboloïde. Ces droites se nomment *génératrices rectilignes* de l'hyperboloïde.

Remarque. L'équation générale de l'hyperboloïde pouvant toujours être mise sous la forme

$$X^2 + Y^2 - Z^2 = H^2,$$

ce qui peut s'écrire

$$Y^2 - Z^2 = H^2 - X^2;$$

les deux systèmes de génératrices rectilignes sont donnés par les équations

$$
\begin{aligned}
Y + Z &= \lambda \, (H + X) \\
Y - Z &= \frac{1}{\lambda} \, (H - X)
\end{aligned}
\quad \text{et} \quad
\begin{aligned}
Y + Z &= \mu \, (H - X) \\
Y - Z &= \frac{1}{\mu} \, (H + X).
\end{aligned}
$$

En faisant $H = 0$ dans les équations précédentes, on aura l'équation du cône asymptote et celles de ses génératrices.

Si la surface est rapportée à son centre X, Y, Z ne contiennent pas de termes constants et l'on voit que l'équation du cône asymptote s'obtient en égalant à 0 l'ensemble des termes du second degré.

Exemple. Soit l'équation

$$z^2 - 2x^2 - 6xy - 2xz + 2yz - 1 = 0,$$

ou

$$(x - y - z)^2 - (2x + y)^2 + x^2 = 1;$$

on trouve pour les équations des génératrices

$$
\begin{aligned}
3x - z &= \lambda \, (1 - x) \\
x + 2y + z &= -\frac{1}{\lambda} \, (1 + x)
\end{aligned}
\quad \text{et} \quad
\begin{aligned}
3x - z &= \mu \, (1 + x) \\
x + 2y + z &= -\frac{1}{\mu} \, (1 - x)
\end{aligned}
$$

et pour celle du cône asymptote

$$z^2 - 2x^2 - 6xy - 2xz + 2yz = 0.$$

63. *Deux droites de systèmes différents sont toujours dans un même plan.*

Si, en effet, on élimine y et z entre les équations (λ) et (μ), ce qui se fait en les retranchant deux à deux, on obtient deux équations qui donnent pour x la même valeur. Donc les droites du système (λ) coupent celles du système (μ).

Deux droites de même système ne sont pas situées dans le même plan.

Car si nous éliminons y et z entre les équations (λ) et (λ') d'un même système nous obtenons une équation impossible.

Par tout point de l'hyperboloïde passe une droite de chaque système.

Car soient (x', y', z') les coordonnées du point donné, substituons à la place de x, y, z ces valeurs dans les équations (λ) et (μ), nous en tirons pour λ et μ un système unique de valeurs, eu égard à la relation

$$\frac{x'^2}{a^2} + \frac{y'^2}{b^2} - \frac{z'^2}{c^2} = 1.$$

Je dis que l'on ne peut mener par le point donné d'autres droites situées sur la surface. Car supposons qu'on en puisse mener une troisième. Si ces trois droites sont dans un même plan, prenons ce plan pour plan des xy; en faisant $z = 0$ dans l'équation de la surface, on aura une équation du deuxième degré en z, qui ne peut représenter trois droites.

Si elles ne sont pas dans un même plan, prenons-les pour axes coordonnés et écrivons que ces trois droites sont sur la surface, son équation devra être

$$Bxy + B'xz + B''yz = 0;$$

ce qui représente un cône dont le sommet est à l'origine.

Le théorème est donc démontré.

Corollaire. Le plan tangent en un point de l'hyperboloïde est déterminé par les deux génératrices qui passent en ce point.

64. *Les projections des génératrices sont tangentes aux sections principales.*

En effet, le plan tangent au point donné x', y', z', a pour équation

$$\frac{xx'}{a^2} + \frac{yy'}{b^2} - \frac{zz'}{c^2} = 1.$$

Sa trace sur le plan des xy, par exemple, est

$$\frac{xx'}{a^2} + \frac{yy'}{b^2} = 1,$$

équation de la corde de contact des deux tangentes à l'ellipse de gorge issues du point $x'y'$, projection du point de la surface. Donc les droites menées de ce point aux extrémités de la corde de contact se projettent suivant ces tangentes.

65. *Si par le centre de l'hyperboloïde on mène des parallèles à toutes les droites qu'on peut tracer sur cette surface, ces droites sont situées sur le cône asymptote.*

Les équations d'une parallèle menée par le centre, à une droite (λ) sont en effet

$$\frac{y}{b} - \frac{z}{c} = \lambda \frac{x}{a},$$
$$\frac{y}{b} - \frac{z}{c} = \frac{1}{\lambda} \frac{x}{a};$$

elles donnent par l'élimination de λ

$$\frac{x^2}{a^2} + \frac{y^2}{b^2} - \frac{z^2}{c^2} = 0,$$

équation du cône asymptote.

Corollaire. Trois droites situées sur l'hyperboloïde ne sont jamais parallèles à un même plan, car si cela était, trois génératrices du cône seraient dans un même plan, ce qui est impossible.

66. *L'hyperboloïde à une nappe peut être considéré comme*

engendré par le mouvement d'une droite qui glisse sur trois autres non parallèles à un même plan.

Car soient trois droites L, L', L'' du système (λ), une droite M, qui les rencontre toutes trois sera dans ses diverses positions une génératrice du système (μ).

Réciproquement :

La surface engendrée par une droite qui s'appuie sur trois autres non parallèles à un même plan, est un hyperboloïde à une nappe.

En effet, menons par chacune des droites données un plan parallèle à celui des deux autres, nous formerons ainsi un parallélipipède, dont trois arêtes opposées seront les droites données. Prenons pour axes des parallèles aux arêtes munis par le centre du parallélipide;

Les équations des trois directrices seront

$$\begin{cases} y = b \\ z = -c, \end{cases} \qquad \begin{cases} x = -a \\ z = c, \end{cases} \qquad \begin{cases} x = a \\ y = -b. \end{cases}$$

Soit une droite

$$\begin{cases} x = mz + p \\ y = nz + q, \end{cases}$$

exprimons que la génératrice rencontre les trois directrices, nous aurons les conditions

$$b = -nc + q, \qquad -a = mc + p, \qquad \frac{a - p}{m} = \frac{-b - q}{n}$$

Éliminons m, n, p, q entre les cinq dernières équations; les quatre premières donnent

$$(x + a) = m (z - c)$$
$$n (z + c) = y - b.$$

L'équation de la troisième projection de la génératrice rapprochée de la dernière condition donne

$$m (y + b) = n (x - a).$$

Multiplions membre à membre les trois dernières équations,

m et n seront éliminés, et il vient

$$(x + a)(y + b)(z + c) = (x - a)(y - b)(z - c)$$

et en réduisant

$$ayz + bxz + cxy + abc = 0,$$

ce que l'on peut écrire

$$(ay + bx)(az + cx) - bcx^2 = - a^2bc,$$

équation d'un hyperboloïde à une nappe.

67. *Interprétation géométrique des équations* (λ) *et* (μ) ; *nouvelle génération de l'hyperboloïde.*

L'interprétation géométrique des équations (λ) et (μ) nous conduit encore à un mode de génération remarquable de l'hyperboloïde.

En effet, les équations

$$\frac{y}{b} + \frac{z}{c} = \lambda \left(1 + \frac{x}{a} \right)$$

$$\frac{y}{b} - \frac{z}{c} = \frac{1}{\lambda} \left(1 - \frac{x}{a} \right)$$

représentent deux plans, passant, le premier par la droite

$$\frac{y}{b} + \frac{z}{c} = 0, \quad x + a = 0,$$

le second, par la droite

$$\frac{y}{b} - \frac{z}{c} = 0, \quad x - a = 0.$$

Ces droites sont des parallèles aux asymptotes de l'hyperbole principale située dans le plan des zy, et menées par les sommets de l'ellipse de gorge situés sur l'axe des x.

Les traces de ces plans sur le plan des xy ont pour équation

$$y = \frac{b\lambda}{a} x + b\lambda$$

$$y = - \frac{b}{a\lambda} x + \frac{b}{\lambda},$$

le produit des coefficients angulaires de ces deux droites étant
égal à

$$-\frac{b^2}{a^2},$$

ces deux droites qui passent d'ailleurs par deux sommets
opposés de l'ellipse de gorge sont des cordes supplémentaires.

Donc l'hyperboloïde est le lieu des intersections de deux
plans, passant par les deux droites fixes définies plus haut et
dont les traces sur le plan de l'ellipse de gorge forment un
système de cordes supplémentaires.

Il est clair que les équations (μ) donnent lieu à une interprétation toute semblable. Elles représentent deux plans passant
par deux droites symétriques des précédentes, par rapport au
plan zx et dont les traces sur xy sont assujetties aux mêmes
conditions.

III.

Hyperboloïde à deux nappes.

68. L'équation de cette surface est

$$\frac{x^2}{a^2} + \frac{y^2}{b^2} - \frac{z^2}{c^2} = -1.$$

Elle admet un mode de génération analogue à celui qui a
été décrit § 13.

Si $a = b$, l'hyperboloïde est de révolution.

*Sections planes de l'hyperboloïde à deux nappes. — Cône
asymptote.*

On peut répéter ici ce que nous avons dit sur les sections
planes de l'hyperboloïde à une nappe, sur l'existence du cône
asymptote et la similitude des sections du cône et de la surface;
donc les directions des sections circulaires de l'hyperboloïde à
deux nappes sont les mêmes que celles de l'hyperboloïde à
une nappe qui lui est conjugué.

L'hyperboloïde à deux nappes n'admet pas de génératrices

rectilignes, qui sont conséquemment dans les surfaces à centre une propriété caractéristique de l'hyperboloïde à une nappe et du cône.

Remarque. On reconnaîtra sans peine que le parallélipipède construit sur trois diamètres conjugués est équivalent au parallélipipède construit sur les axes et que les théorèmes démontrés sur les diamètres conjugués de l'ellipsoïde sont encore vrais pour les hyperboloïdes, pourvu qu'on affecte du signe — les carrés des diamètres imaginaires.

IV.

Paraboloïde élliptique.

69. L'équation du paraboloïde elliptique est (§ 41.)

$$\frac{y^2}{p} + \frac{z^2}{p'} = 2x.$$

D'après ce qui a été dit (§ 17), on voit que la surface est engendrée par le mouvement de l'une des paraboles principales, se mouvant parallèlement à elle-même, tandis que son sommet s'appuie sur l'autre, l'axe de la parabole mobile restant constamment parallèle à l'axe de la parabole fixe et dirigé dans le même sens.

Si $p = p'$ le paraboloïde est de révolution.

Sections planes du paraboloïde elliptique.

Coupons la surface par un plan qui rencontre l'axe

$$x = mz - ny + k;$$

la section projetée sur le plan des yz est

$$\frac{y^2}{p} + \frac{z^2}{p'} - 2\,(mz + ny + k) = 0;$$

équation d'une ellipse.

De plus : *Les sections faites par des plans parallèles sont semblables, et le lieu de leurs centres est le diamètre qui passe par le point de contact du plan parallèle au plan sécant.*

Si le plan sécant est parallèle à ox, la section est une parabole.

70. *On peut considérer le paraboloïde elliptique comme un ellipsoïde indéfiniment allongé.*

En effet, supposons que $2a$ soit le plus grand des axes, si on prend pour origine des coordonnés l'extrémité gauche de cet axe, l'équation de l'ellipsoïde sera :

$$\frac{x^2}{a^2} + \frac{y^2}{b^2} + \frac{z^2}{c^2} = \frac{2x}{a} \, ;$$

les foyers des deux sections principales qui se coupent suivant Ox, sont sur cette droite. Supposons que les foyers voisins de l'origine restent fixes et que le sommet opposé s'éloigne à l'infini, la surface deviendra un paraboloïde elliptique. Car les foyers étant fixes on a les conditions

$$a - \sqrt{a^2 - b^2} = \frac{1}{2}\,p \qquad\qquad a - \sqrt{a^2 - c^2} = \frac{1}{2}\,p',$$

d'où

$$b^2 = pa - \frac{p^2}{4} \qquad\qquad c^2 = p'a - \frac{p'^2}{4}$$

et par suite

$$\frac{x^2}{a} + \frac{y^2}{p - \dfrac{p^2}{4a}} + \frac{z^2}{p' - \dfrac{p'^2}{4a}} = 2x$$

faisons croître a indéfiniment, il vient :

$$\frac{y^2}{p} + \frac{z^2}{p'} = 2x.$$

Sections circulaires.

71. Les sections circulaires du paraboloïde elliptique se déduisent facilement de cette considération.

Nous avons vu, en effet, que les directions de ces sections dans l'ellipsoïde étaient données par les relations

$$\sin^2 \theta = \frac{c^2}{b^2}\,\frac{a^2 - b^2}{a^2 - c^2},$$

expression qui, eu égard aux relations précédentes, devient

$$\sin^2 \theta = \frac{\left(a - \frac{p'}{4}\right)\left(a - \frac{p}{2}\right)^2}{\left(a - \frac{p}{4}\right)\left(a - \frac{p'}{2}\right)^2} \cdot \frac{p'}{p}$$

et en passant à la limite

$$\sin \theta = \pm \sqrt{\frac{p'}{p}}$$

V.

Paraboloïde hyperbolique.

72. En changeant p' en $- p'$ dans l'équation précédente, on a celle du paraboloïde hyperbolique :

$$\frac{y^2}{p} - \frac{z^2}{p'} = 2x.$$

Cette surface admet la même génération que le paraboloïde elliptique ; toute la différence consiste en ce que l'axe de la parabole génératrice est dirigé en sens contraire de celui de la parabole fixe.

Sections planes du paraboloïde hyperbolique.

Le calcul fait plus haut montre que :

Toute section du paraboloïde hyperbolique par un plan rencontrant l'axe est une hyperbole. Les asymptotes de ces hyperboles sont toutes situées dans les deux plans

$$y = \pm \sqrt{\frac{p}{p'}}\, z.$$

Les sections faites par des plans parallèles sont des courbes semblables ; et le lieu de leurs centres est un diamètre.

Si le plan sécant est parallèle à ox, la section est une parabole ou une droite. D'ailleurs la surface ne peut être de révolution et n'admet pas de sections circulaires.

Génératrices rectilignes du paraboloïde hyperbolique.

73. L'équation du paraboloïde hyperbolique peut s'écrire :

$$\left(\frac{y}{\sqrt{p}} + \frac{z}{\sqrt{p'}}\right)\left(\frac{y}{\sqrt{p}} - \frac{z}{\sqrt{p'}}\right) = 2x,$$

d'où il résulte, par des considérations semblables à celles qu'on a développées plus haut, que les deux systèmes de droites :

$$(\lambda)\begin{cases} \dfrac{y}{\sqrt{p}} + \dfrac{z}{\sqrt{p'}} = 2\lambda \\[2ex] \dfrac{y}{\sqrt{p}} - \dfrac{z}{\sqrt{p'}} = \dfrac{1}{\lambda}\,x \end{cases} \qquad (\mu)\begin{cases} \dfrac{y}{\sqrt{p}} - \dfrac{z}{\sqrt{p'}} = 2\mu \\[2ex] \dfrac{y}{\sqrt{p}} + \dfrac{z}{\sqrt{p'}} = \dfrac{1}{\mu}\,x \end{cases}$$

sont situées sur la surface ; ces droites se nomment les *génératrices rectilignes du paraboloïde.*

On reconnaîtra comme on l'a fait pour l'yperboloïde que :

Deux droites d'un même système ne se rencontrent pas, et que :

Deux droites de systèmes différents sont toujours dans un même plan.

Deux droites d'un même système sont parallèles à un même plan.

On voit, en effet, que les droites du système (λ) sont toutes parallèles au plan

$$y = -\,z\sqrt{\frac{p}{p'}},$$

et que les droites du système (μ) sont toutes parallèles au plan

$$y = z\sqrt{\frac{p}{p'}}.$$

Ces deux plans, symétriques par rapport au plan zOx, s'appellent *plans directeurs.*

74. *Remarque.* L'équation de la surface étant de la forme

$$Y^2 - Z^2 = X\,;$$

les équations des génératrices rectilignes sont

$$Y + Z = \lambda X \qquad\qquad Y + Z = \frac{1}{\mu}$$
$$Y - Z = \frac{1}{\lambda} \qquad\qquad Y - Z = \mu X.$$

Les génératrices du premier système sont parallèles au plan

$$Y - Z = 0,$$

et celles du second, au plan

$$Y + Z = 0.$$

Ces deux équations font connaître les plans directeurs.

Dans le cas où l'équation est de la forme

$$YZ = X$$

les génératrices sont données par les équations

$$Y = \lambda \qquad\qquad Y = \mu X$$
$$Z = \frac{1}{\lambda} X \qquad\qquad Z = \frac{1}{\mu}.$$

et les équations

$$Y = 0 \qquad\qquad Z = 0$$

représentent les plans directeurs.

La forme de l'équation du paraboloïde hyperbolique fait voir que l'ensemble des termes du second degré est décomposable en deux facteurs du premier degré en x, y, z. Les termes constants qui peuvent entrer dans Y et dans Z ne changent rien à cette conclusion.

Exemple. Soit l'équation

$$z^2 - 3x^2 - 6xy - 2xz + 2yz - 2x - 1 = 0.$$

Elle s'écrit

$$(x - y - z)^2 - (2x + y)^2 = 2x + 1,$$

d'où l'on a, pour les génératrices :

$$3x - z = \lambda \qquad\qquad 3x - z = \mu\,(2x + 1)$$
$$x + 2y + z = -\frac{1}{\lambda}\,(2x + 1) \qquad x + 2y + z = -\frac{1}{\mu}$$

et, pour les plans directeurs :

$$3x - z = 0 \qquad\qquad x + 2y + z = 0.$$

75. On verrait comme pour l'hyperboloïde à une nappe que :
Par tout point de la surface passe une droite de chaque système, et qu'il ne peut en passer d'autres.

Corollaire. Le plan tangent en un point du paraboloïde hyperbolique renferme les deux droites que l'on peut mener par ce point sur la surface ; et les projections des droites situées sur la surface sont tangentes aux sections principales.

76. *Le paraboloïde hyperbolique peut être considéré comme engendré par le mouvement d'une droite qui glisse sur trois autres, parallèles à un même plan.*

Car ces trois droites données appartenant au même système, on peut toujours en mener une autre de système différent, qui les rencontre toutes trois, et dans ses diverses positions engendre la surface.

La surface peut aussi être engendrée par une droite qui s'appuie sur deux autres, en restant parallèle à un même plan.

Réciproquement :

77. *Lorsqu'une droite glisse sur trois droites fixes parallèles à un même plan, elle engendre un paraboloïde hyperbolique.*

En effet, prenons pour axe des z une position particulière de la génératrice, pour plans des zx et des zy des plans passant par cette génératrice et deux des directrices ; enfin, pour plan des xy un plan passant par l'une des directrices et parallèle à chacune des deux autres.

Les trois directrices sont données par les équations :

$$\begin{cases} z = 0 \\ y = 0, \end{cases} \qquad \begin{cases} x = 0 \\ z = c, \end{cases} \qquad \begin{cases} y = mx \\ z = c'. \end{cases}$$

Une génératrice, devant rencontrer les deux premières directrices aura pour équations :

$$z = ax + c, \qquad z = by.$$

On exprime qu'elle rencontre la troisième directrice par la condition :

$$ac' = mb\,(c' - c).$$

Éliminant a et b, il vient

$$c'yz + m\,(c - c')\,xz - cc'y = 0,$$

équation d'un paraboloïde hyperbolique.

Si une droite glisse sur deux droites fixes en restant parallèle à un plan donné, elle engendre un paraboloïde hyperbolique.

Prenons l'une des directrices pour axe des z, pour axe des y une position particulière de la génératrice, pour plan des xy un plan parallèle au plan directeur, et pour plan des xz un plan parallèle aux directrices.

Les directrices ont pour équations :

$$\begin{cases} z = mx \\ y = b, \end{cases} \qquad \begin{cases} x = 0 \\ y = 0, \end{cases}$$

celles de la génératrice sont :

$$z = h \qquad y = ax.$$

Pour qu'elle rencontre la 1re directrice il faut que

$$\frac{h}{m} = \frac{b}{a}.$$

Éliminant a et h on obtient

$$yz - zy = mbx,$$

équation d'un paraboloïde hyperbolique.

78. L'interprétation géométrique des équations (λ) ou (μ) donne lieu à une remarque analogue à celle qui a été faite § 67, et conduit à une génération du paraboloïde qu'on se représentera sans peine.

On peut considérer le paraboloïde hyperbolique comme le lieu des points à égale distance de deux droites.

En effet, prenons pour axe des y la plus courte distance des deux droites, et pour origine des coordonnées le milieu de cette distance. Menons par l'origine des parallèles aux deux droites ; prenons la bissectrice de leur angle pour axe des z, et pour axe des x une perpendiculaire aux deux autres axes.

Les équations des deux droites seront

$$\begin{cases} y = b \\ x = az, \end{cases} \qquad \begin{cases} y = -b \\ x = -az. \end{cases}$$

Exprimant des distances d'un point x, y, z à ces deux droites sont égales ; il vient pour l'équation du lieu :

$$\frac{(x - az)^2}{a^2 + 1} + (y - b)^2 = \frac{(x + az)^2}{a^2 + 1} + (y + b)^3$$

ce qui se réduit à

$$axz + (a^2 + 1)\, by = 0.$$

CHAPITRE VI.

DES CONDITIONS NÉCESSAIRES POUR DÉTERMINER UNE SURFACE DU SECOND ORDRE D'ESPÈCE DONNÉE.

CONDITIONS POUR QUE LA SURFACE SOIT DE RÉVOLUTION.

I.

79. L'équation générale des surfaces du second ordre est

$$A z^2 + A' y^2 + A'' x^2 + 2B xy + 2B' xz + 2B'' yz + 2C z + 2C' y + 2C'' x + F = 0.$$

Cette équation renferme neuf indéterminées; il faut donc, en général, neuf conditions pour déterminer la surface. C'est ce qui a lieu, en effet, pour les ellipsoïdes et les hyperboloïdes; mais, pour toutes les autres surfaces, le nombre des conditions est moindre, parce qu'il existe alors entre les coefficients des relations nécessaires pour que la surface soit d'espèce donnée.

Nous allons passer en revue les différentes surfaces pour la détermination desquelles il faut moins de neuf conditions.

Cônes.

Si l'on rapporte le cône à son centre, son équation ne doit pas renfermer de terme indépendant des variables, ce qui donne une condition: de sorte qu'il n'en faut plus que huit pour déterminer la surface.

Cylindres elliptiques ou hyperboliques.

Ces cylindres ont une infinité de centres en ligne droite; il faut donc que l'une des équations du centre soit une conséquence des deux autres, ce qui donne deux conditions, de sorte qu'il n'en faut plus que sept.

Paraboloïdes.

Dans les paraboloïdes, l'une des équations du centre est incompatible avec le système des deux autres, d'où résulte une condition: il n'en faut donc que huit.

Cylindre parabolique.

Les sections faites dans cette surface par les trois plans coordonnés sont toujours du genre parabole, ce qui est exprimé par trois conditions; et il n'en reste plus que six.

II.

Surfaces de révolution.

80. Reprenons l'équation générale des surfaces du second degré, les coordonnées étant rectangulaires.

Si la surface est de révolution et qu'on la coupe par une sphère dont le centre soit sur l'axe, l'intersection devra se composer de deux cercles, dont les plans seront perpendiculaires à l'axe, et, par conséquent, parallèles. D'après cela, soient x_1, y_1, z_1, les coordonnées du centre de la sphère; son équation sera

$$z^2 + y^2 + x^2 - 2zz_1 - 2yy_1 - 2xx_1 + x_1^2 + y_1^2 + z_1^2 - R^2 = 0.$$

Multiplions par une indéterminée λ; l'équation

$$(s) \quad \begin{aligned} &(A-\lambda)z^2 + (A'-\lambda)y^2 + (A''-\lambda)x^2 + 2Bxy + 2B'xz \\ &+ 2B''yz + 2(C+\lambda z_1)z + 2(C'+\lambda y_1)y + 2(C''+\lambda x_1)x \\ &+ F - \lambda(x_1^2 + y_1^2 + z_1^2 - R^2) \end{aligned} = 0$$

sera celle d'une surface passant par l'intersection des deux premières. Si la surface donnée est de révolution, et si le centre de la sphère est sur l'axe, l'équation (s) devra représenter deux plans parallèles.

Cherchons les relations qui doivent exister entre les coefficients des variables pour que cette condition soit remplie.

L'équation de deux plans parallèles est de la forme

$$(mz + ny + px + 1)^2 - r^2 = 0.$$

Écrivons que l'équation (s) peut être mise sous cette forme; il suffit, pour cela, que l'on ait

$$\frac{A-\lambda}{m^2} = \frac{A'-\lambda}{n^2} = \frac{A''-\lambda}{p^2} = \frac{B}{np} = \frac{B'}{mp} = \frac{B''}{mn} = \frac{C+\lambda z_1}{m} = \frac{C'+\lambda y_1}{n} = \frac{C''+\lambda x_1}{p}$$

le terme constant restant d'ailleurs indéterminé.

Ces équations donnent :

$$\frac{m}{p} = \frac{B''}{B} \qquad \frac{n}{p} = \frac{B''}{B'} \qquad \frac{m}{n} = \frac{B'}{B}$$

d'où l'on tire

$$A - \lambda = \frac{B'B''}{B} \qquad A' - \lambda = \frac{BB''}{B'} \qquad A'' - \lambda = \frac{BB'}{B''}$$

et, par suite :

$$A - \frac{B'B''}{B} = A' - \frac{BB''}{B'} = A'' - \frac{BB'}{B''} \begin{array}{c} < \\ > \end{array} 0 ;$$

car ces binômes représentent la valeur de λ qui ne peut être nul, on a aussi

$$B\,(C + \lambda z_1) = B'\,(C' + \lambda y_1) = B''\,(C'' + \lambda x_1).$$

Les deux premières relations expriment que la surface est de révolution ; les deux dernières donnent l'axe quand on y remplace λ par sa valeur.

81. Si l'un des rectangles est nul, $B = 0$, l'inspection de l'équation (s) montre qu'elle ne peut être de la forme voulue qu'à la condition d'avoir en même temps :

$$B' = 0 \qquad A'' - \lambda = 0 \qquad C'' + \lambda x_1 = 0.$$

Les équations précédentes se réduisent alors à

$$\frac{A - \lambda}{m^2} = \frac{A' - \lambda}{n^2} = \frac{B''}{mn} = \frac{C + \lambda z_1}{m} = \frac{C' + \lambda y_1}{n}$$

ce qui donne la condition unique

$$B''^2 = (A - A'')\,(A' - A'')$$

avec

$$A'' \begin{array}{c} > \\ < \end{array} 0 ,$$

puisque λ ne peut être nul.

La relation

$$C'' + A'' x_1 = 0$$

montre que l'axe de révolution est parallèle aux yz, sa projection sur le plan est donné par l'équation :

$$\frac{C + A''z_1}{A - A''} = \frac{C' + A''y_1}{B''}$$

Si les trois rectangles sont nuls, l'équation (s) ne doit renfermer que le carré de l'une des variables, donc il faut que l'on ait :

$$\lambda = A' = A'' \quad C' + A''y_1 = 0 \quad C'' + A''x_1 = 0.$$

Les deux dernières équations déterminent l'axe.
Application numérique.
Soit l'équation

$$x^2 + y^2 + z^2 - xy - xz - yz + 4x - 2y + 1 = 0.$$

Si nous nous reportons aux conditions trouvées, nous voyons qu'elles sont satisfaites, et que $\lambda = \dfrac{3}{2}$, en sorte que les équations de l'axe sont

$$3z = -2 + 3y = 4 + 3x.$$

CHAPITRE VII.

INTERSECTIONS DES SURFACES DU SECOND ORDRE.

82. Deux surfaces du second ordre se coupent, en général, suivant des courbes à double courbure dont les projections sont des courbes du quatrième degré; mais il peut arriver dans certains cas que ces projections soient du second degré.

Ainsi :

Quand deux surfaces du second degré ont un plan diamétral commun, la projection de leur intersection sur ce plan, parallèlement aux cordes conjuguées, est une courbe du second ordre.

En effet, prenons pour plan des xy le plan diamétral commun et pour axe des z une parallèle à la direction des cordes; les équations des deux surfaces seront :

$$z^2 + A'y^2 + A''x^2 + 2Bxy + 2C'y + 2C''x + F = 0,$$
$$z^2 + A_1'y^2 + A_1''x^2 + 2B_1xy + 2C_1'y + 2C_1''x + F_1 = 0.$$

Si on les retranche membre à membre, z est éliminé, et l'équation de la projection de l'intersection sur le plan des xy est une courbe du second degré :

$$(A' - A_1')y^2 + (A'' - A_1'')x^2 + 2(B - B_1)xy + 2(C' - C_1')y + 2(C'' - C_1'')x + F - F_1 = 0.$$

Il pourra arriver qu'une partie de cette courbe seulement soit la projection de l'intersection de deux surfaces. Ainsi l'intersection de deux ellipsoïdes peut se projeter suivant une portion d'hyperbole.

Si le plan diamétral est principal, la projection orthogonale de l'intersection est une courbe du second degré.

83. Les surfaces du second ordre peuvent se couper suivant des courbes planes.

Si l'intersection se compose de deux courbes distinctes, et que l'une des courbes soit plane, la seconde est aussi plane.

En effet, prenons le plan de l'une des sections pour plan des xy ; les équations des deux surfaces, devant donner le même résultat pour $z = 0$, seront :

$$A z^2 + y^2 + A'' x^2 + 2B xy + 2B' xz + 2B'' yz + 2C z + 2C' y + 2C'' x + F = 0.$$

$$A_1 z^2 + y^2 + A'' x^2 + 2B xy + 2B_1' xz + 2B_1'' yz + 2C_1 z + 2C' y + 2C'' x + F = 0.$$

En les retranchant membre à membre, on aura l'équation d'une surface passant par l'intersection des deux premières, or cette équation peut s'écrire :

$$z \left[(A - A_1) z + 2(B' - B_1') x + 2(B'' - B_1'') y + 2(C - C_1) \right] = 0.$$

On voit qu'elle représente deux plans.

84. *Si un cône et un cylindre ont un plan tangent commun, la courbe d'intersection est plane.*

En effet, prenons la génératrice commune pour axe des z, le plan tangent commun pour plan des zy, et le sommet du cône pour origine des coordonnées.

L'équation du cylindre sera

$$y^2 + B xy + C x^2 + E x = 0$$

et celle du cône

$$y^2 + B' xy + C' x^2 + K xz = 0 ;$$

en effet, cette dernière équation est homogène en x, y, z, et, si on coupe par un plan $z = h$, la section se projette en vraie grandeur suivant une courbe du second degré tangente à l'axe des y.

La combinaison de ces deux équations donne :

$$x \left[(B - B') y + (C - C') x - K z + E \right] = 0,$$

c'est-à-dire deux plans, dont l'un $x = 0$, est le plan tangent commun ; la direction de l'autre est définie géométriquement, en remarquant que des sections parallèles à ce plan déterminent dans le cylindre et dans le cône des courbes semblables.

On verrait de même que :

Si deux cônes sont tangents le long d'une génératrice, la section est une courbe plane.

85. *Si deux cylindres ont deux plans tangents communs, leur section est plane.*

Remarquons d'abord que ces deux plans tangents doivent être parallèles, ce qui exige que les cylindres soient elliptiques ou hyperboliques; concevons ensuite un plan qui contient les bases, la ligne des centres sera parallèle aux traces des plans tangents sur le plan des bases. Cela posé, par cette droite menons un plan parallèle à la direction des génératrices, ce plan sera un plan diamétral commun, et les cordes qui lui sont conjuguées, seront parallèles à l'intersection des plans menés par chacun des diamètres de contact et les génératrices qui aboutissent à leurs extrémités.

Prenons pour axe des z l'intersection des deux plans que nous venons de définir, et pour axes des x et des y les axes des cylindres.

Leurs équations seront alors

$$z^2 + A x^2 = H \qquad z^2 + A_1 y^2 = H.$$

Retranchant membre à membre, il vient

$$y = \pm \sqrt{\frac{A}{A_1}}\, x,$$

ce qui démontre le théorème.

CHAPITRE VIII.

GÉNÉRATION DES SURFACES.

I.

86. On appelle *surface* le lieu des positions d'une ligne, de forme constante ou variable, qui se meut d'après une loi déterminée.

La ligne mobile se nomme *génératrice;* elle est généralement assujettie à s'appuyer sur une ou plusieurs courbes fixes, nommées *directrices*, qui règlent son mouvement.

Donnons d'abord une idée générale de la méthode à suivre pour obtenir l'équation de la surface.

Soient

$$(g) \quad \begin{cases} f(x, y, z, \alpha, \beta, \ldots) = 0 \\ f_1(x, y, z, \alpha, \beta, \ldots) = 0 \end{cases}$$

les équations d'une génératrice, $\alpha, \beta, \gamma\ldots$ étant des paramètres qui dépendent de sa position particulière.

Soient

$$(d) \quad \begin{cases} F(x, y, z) = 0 \\ F_1(x, y, z) = 0 \end{cases}$$

les équations d'une directrice.

Si entre les équations (g) et (d) on élimine x, y, z, on obtiendra une relation,

$$\varphi_1(\alpha, \beta, \gamma, \ldots) = 0$$

qui exprime que la génératrice (g) s'appuie sur la directrice (d).

Supposons que ces paramètres soient au nombre de n. Si l'on assujettit la génératrice à s'appuyer sur $n - 1$, directrices $d_1, d_2, d_3\ldots$, nous aurons, entre les n paramètres $\alpha, \beta, \gamma\ldots$ les $n - 1$ relations

$$\varphi_1 = 0 \quad \varphi_2 = 0 \ldots \varphi_{n-1} = 0$$

qui déterminent $n - 1$ paramètres en fonctions du $n^{ième}$, α par exemple, en sorte que les équations de la génératrice sont

$$\psi\ (x,\ y,\ z,\ \alpha) = 0,$$
$$\psi_1\ (x,\ y,\ z,\ \alpha) = 0.$$

Pour chaque valeur de α, la position de la génératrice est déterminée ; en éliminant α entre ces deux équations, on aura une relation

$$\varpi\ (x,\ y,\ z) = 0$$

qui sera l'équation de la surface.

En effet, cette équation est une conséquence des deux premières $\psi = 0$, $\psi_1 = 0$; elle pourra remplacer l'une d'elles, de sorte que les deux équations $\psi = 0$, $\varpi = 0$, déterminent encore une génératrice dans une position particulière ; mais l'équation $\varpi = 0$, étant indépendante de α, convient à toutes les génératrices et en représente le lieu.

Il résulte de là que, pour avoir l'équation de la surface, il faut éliminer les n paramètres entre les équations de la génératrice et les $n - 1$ conditions $\varphi_1 = 0$, $\varphi_2 = 0$, ..., qui déterminent son mouvement.

II.

Surfaces cylindriques.

87. On appelle *cylindre* la surface engendrée par une droite qui s'appuie sur une courbe fixe en restant parallèle à la même direction.

Soient

$$x = mz + \alpha,$$
$$y = nz + \beta,$$

lès équations de la génératrice, m et n étant des constantes, et

$$F(x,\ y,\ z) = 0,$$
$$F_1(x,\ y,\ z) = 0,$$

les équations de la directrice. L'élimination de x, y, z entre ces quatre équations conduit à la relation

$$\beta = \varphi(\alpha)$$

et, d'après ce qu'on a dit plus haut, l'équation de la surface est

$$y - nz = \varphi(x - mz).$$

Réciproquement, toutes les fois qu'une équation donnée pourra être mise sous cette forme, elle représentera un cylindre
En effet, si on pose

$$x - mz = \alpha,$$
$$y - nz = \beta,$$

et, si α et β sont liés par la relation $\beta = \varphi(\alpha)$, la droite représentée par ces deux équations sera toujours située tout entière sur la surface.

Lorsque cette transformation ne sera pas évidente, on cherchera si une droite

$$x = mz + \alpha,$$
$$y = nz + \beta,$$

peut s'appliquer sur la surface, quels que soient α, β ; m et n gardant une valeur constante.

Pour cela, on éliminera x et y entre les équations de la droite et celle de la surface ; l'équation en z obtenue devra être une identité ; les coefficients des diverses puissances de z devront donc être nuls ; on obtiendra ainsi un certain nombre d'équation desquelles on tirera pour m et n des valeurs déterminées, et les conditions restantes devront se réduire à une relation unique $\beta = \varphi(\alpha)$.

88. Il peut arriver que la génératrice du cylindre soit assujettie à toucher une surface donnée. $f(x, y, z,)$ La directrice sera, dans ce cas, le lieu des contacts de la droite mobile avec la surface.

Soient x, y, z les coordonnées d'un de ses points ; l'équation du plan tangent en ce point sera, en nommant ξ, η, ζ les coordonnées courantes,

$$(\xi - x) f'_x + (\eta - y) f'_y + (\zeta - z) f'_z = 0.$$

Les équations de la génératrice, passant par ce point, sont

$$\xi - x = m(\zeta - z) \qquad \eta - y = n (\zeta - z).$$

Exprimant que cette droite est située dans le plan tangent; on a la condition

$$mf'_x + nf'_y + f'_z = 0 \qquad (a)$$

équation qui, avec celle de la surface, détermine la courbe de contact, et le problème est ramené au précédent.

On peut tirer de là un moyen de reconnaître si une surface donnée est un cylindre ; car, dans ce cas, l'équation (a) doit être vérifiée, quels que soient x, y, z, ce qui donne entre m et n un certain nombre d'équations qui doivent être compatibles.

89. Lorsque la surface est du second degré, la courbe de contact est plane, car l'équation (a) représente le plan diamétral conjugué des cordes parallèles aux génératrices du cylindre.

III.

Surfaces coniques.

90. On appelle *Cône* la surface engendrée par une droite qui se meut d'après une loi déterminée, en passant constamment par un point fixe nommé *sommet*.

Supposons d'abord que la droite mobile soit assujettie à s'appuyer sur une courbe :

$$F\,(x, y, z) = 0,$$
$$F_1\,(x, y, z) = 0,$$

et soient x_1, y_1, z_1 les coordonnées du sommet du cône ; les équations de la génératrice seront

$$x - x_1 = \alpha\,(z - z_1) \qquad y - y_1 = \beta\,(z - z_1).$$

L'élimination de x, y, z entre ces quatre équations conduit à la relation

$$\beta = \varphi(\alpha)$$

et, par suite, l'équation du cône est

$$\frac{y - y_1}{z - z_1} = \varphi\left(\frac{x - x_1}{z - z_1}\right)$$

Si le sommet est à l'origine, l'équation devient

$$\frac{y}{z} = \varphi\left(\frac{x}{z}\right)$$

elle est évidemment homogène en x, y, z.

Réciproquement, toute équation de cette forme représente un cône.

En effet, si on pose

$$\frac{x}{z} = \alpha, \qquad \frac{y}{z} = \beta,$$

et si l'on a entre α et β la relation

$$\beta = \varphi(\alpha),$$

la droite représentée par les équations précédentes sera tout entière sur la surface.

Exemple. Supposons que, le sommet étant à l'origine, la directrice soit un cercle

$$z = h$$
$$y^2 = 2rx - x^2.$$

Les équations de la génératrice sont

$$x = \alpha z$$
$$y = \beta z.$$

Éliminons x, y, z entre ces quatre équations, il vient :

$$\beta^2 h = 2r\alpha - \alpha^2 h.$$

L'équation de la surface est donc

$$h(y^2 + x^2) - 2rxz = 0.$$

91. Lorsque la génératrice s'appuie sur une surface donnée

$$f(x, y, z) = 0$$

on trouve l'équation du cône circonscrit par une méthode analogue à celle qu'on a employée pour le cylindre.

Soient x_1, y_1, z_1 les coordonnées du sommet, x, y, z les coordonnées d'un point de la courbe de contact, l'équation du plan tangent en ce point est

$$(\xi - x)f'_x + (\eta - y)f'_y + (\zeta - z)f'_z = 0.$$

Ce plan devant passer par le point x_1, x_1, z_1, on a

$$(b) \qquad (x_1 - x)f'_x + (y_1 - y)f'_y + (z_1 - z)f'_z = 0.$$

Cette équation, jointe à

$$f(x, y, z) = 0,$$

déterminera la courbe de contact, ce qui ramène au cas précédent.

Étant donnée l'équation d'une surface, on reconnaîtra qu'elle représente un cône, lorsqu'on pourra, par un changement d'origine, la rendre homogène en x, y, z. Si l'équation est algébrique, tous les termes de degré inférieur à celui de l'équation devront disparaître à la fois.

92. Quand $f(x, y, z)$ est une fonction entière de degré m, l'équation (b) est du degré $m - 1$ en x, y, z; donc, si la surface donnée est du second degré, la courbe de contact est plane, et son plan est parallèle au plan tangent à l'extrémité du diamètre qui passe par le sommet du cône.

En effet, dans les surfaces à centre

$$Px^2 + P'y^2 + P''z^2 = H,$$

le plan de la courbe de contact a pour équation

$$Pxx_1 + P'yy_1 + P''zz_1 = H.$$

Il est donc parallèle au plan diamétral conjugué du diamètre mené par le sommet du cône, ou au plan tangent mené à l'extrémité de ce diamètre.

Dans le cas des surfaces dépourvues de centre,

$$P'y^2 + P''z^2 = 2Qx,$$

le plan de la courbe de contact est donnée par l'équation

$$P'yy_1 + P''zz_1 - Q(x + x_1) = 0,$$

les équations du diamètre mené par le sommet du cône sont

$$y = y_1, \qquad z = z_1,$$

et les coordonnées du point où ce diamètre rencontre la surface,

$$y = y_1, \qquad z = z_1, \qquad x = \frac{P'y_1^2 + P''z_1^2}{2Q}.$$

Le plan tangent en ce point sera

$$P'yy_1 + P''zz_1 - Qx - \frac{P'y_1^2 + P''z_1^2}{2} = 0,$$

ce qui démontre la proposition.

IV.

Conoïdes.

93 On appelle *conoïde* la surface engendrée par une droite qui s'appuie sur une droite et un courbe fixe en restant parallèle à un plan donné.

Prenons la droite fixe pour axe des z et le plan des xy pour plan directeur, les équations de la génératrice seront évidemment

$$z = \beta \qquad y = \alpha x.$$

Soient

$$F(x, y, z) = 0. \qquad F_1(x, y, z) = 0,$$

celles de la directrice ; l'élimination de x, y, z entre ces quatre équations conduira à la relation

$$\beta = \varphi(\alpha),$$

et l'équation de la surface sera

$$z = \varphi\left(\frac{y}{x}\right)$$

Réciproquement, toute équation de cette forme sera celle d'un conoïde dont l'axe des z est la directrice rectiligne.

94. *Exemple.* Prenons pour directrice une ellipse dont le centre est sur l'axe des x, et dont les axes sont parallèles à Oz et à Oy.

Ses équations seront

$$x = d \qquad \frac{y^2}{b^2} + \frac{z^2}{c^2} = 1.$$

Entre ces équations et celles de la génératrice $z = \beta \; y = \alpha x$, éliminons x, y, z ; il vient

$$\frac{\alpha^2 d^2}{b^2} + \frac{\beta^2}{c^2} = 1.$$

L'équation de la surface est donc

$$\frac{d^2 y^2}{b^2 x^2} + \frac{z^2}{c^2} = 1.$$

Un plan perpendiculaire à l'axe des x, $x = \delta$, la coupe suivant une ellipse,

$$\frac{d^2 y^2}{\delta^2 b^2} + \frac{z^2}{c^2} = 1,$$

dans laquelle le rapport des axes de cette section varie avec δ.

On peut également substituer à la courbe directrice une surface à laquelle la génératrice doit rester tangente.

Supposons par exemple cette génératrice tangente à la sphère

$$(x - d)^2 + y^2 + z^2 = R^2.$$

Cherchons les équations de la courbe de contact. Il est aisé de voir que cette courbe de contact se projette sur xy suivant un cercle dont le centre est situé sur l'axe des x, et qui a pour équation

$$y^2 = dx - x^2.$$

Cette équation, jointe à celle de la sphère, détermine la directrice.

Les équations de la génératrice sont d'ailleurs

$$z = \beta \qquad y = \alpha x.$$

L'élimination de x, y, z donne

$$(R^2 - \beta^2)\,(\alpha^2 + 1) = d^2\alpha^2,$$

donc l'équation de la surface est

$$(R^2 - z^2)\,(x^2 + y^2) = d^2 y^2.$$

Les sections par des plans parallèles à zx et zy sont des courbes du quatrième degré; et, si l'on coupe par un cylindre

$$x^2 + y^2 = a^2,$$

les projections de la section sur les mêmes plans sont des courbes du second degré.

95. *Hélicoïde gauche.* Cette surface est engendrée par une droite qui s'appuie sur une hélice en restant perpendiculaire à l'axe de cette hélice.

Les équations de l'hélice peuvent s'écrire

$$x = r \cos \theta. \qquad y = r \sin \theta. \qquad z = mr\,\theta.$$

en appelant r le rayon du cylindre sur lequel l'hélice est tracée, θ l'angle que fait avec zox le plan vertical mené par un point de la courbe, et m le rapport du pas à la circonférence de la base.

Les équations d'une génératrice sont

$$y = dx \qquad z = \beta.$$

en exprimant que cette droite s'appuie sur l'hélice on a

$$\alpha = tg.\,\theta \qquad \beta = mr\theta$$

d'où

$$\alpha = lg. \frac{\beta}{mr}.$$

l'élimination de α et β conduit à l'équation

$$\frac{y}{x} = lg. \frac{z}{mr}.$$

on rencontre cette surface dans la vis à filet carré.

V.

Surfaces de révolution.

96. On appelle *surface de révolution* une surface engendrée par la révolution d'une courbe donnée autour d'un axe fixe.

Dans ce mouvement, chaque point de la courbe décrit un cercle dont le centre est sur l'axe fixe et dont le plan est perpendiculaire à cet axe : ce cercle se nomme un *parallèle* de la surface.

Un plan passant par l'axe est un *plan méridien*, et la section par ce plan est une *courbe méridienne*. Quand la génératrice est dans le plan de l'axe : elle est elle-même la méridienne.

Au lieu de faire tourner la courbe autour de l'axe, regardons la surface comme engendrée par un parallèle qui s'appuie constamment sur la courbe donnée qui devient alors directrice, et de cette manière toutes les surfaces de révolution admettront une génératrice d'espèce constante.

Soient

$$F(x, y, z) = 0, \qquad F_1(x, y, z) = 0$$

les équations de la directrice ;

$$z = \gamma$$
$$x^2 + y^2 = r^2$$

celles du cercle mobile.

L'élimination de x, y, z entre ces quatre équations donnera une relation

$$\gamma = \varphi(r^2)$$

et l'équation de la surface sera

$$z = \varphi\,(x^2 + y^2).$$

Lorsque la courbe donnée est une courbe méridienne, ses équations étant de la forme

$$y = 0 \qquad z = \varphi\,(x),$$

x n'est autre chose que r, il suffit donc de remplacer x par

$$\sqrt{x^2 + y^2}$$

pour avoir l'équation de la surface.

Exemples.

Tore. Supposons que la génératrice soit un cercle de rayon a, situé dans le plan de l'axe; nommons d la distance du centre à l'axe.

Le cercle étant dans le plan des xz, et son centre étant sur $0x$, il a pour équation

$$y = 0 \qquad (x - d)^2 + z^2 = a^2,$$

donc l'équation du tore est

$$\left(\sqrt{x^2 + y^2} - d\right)^2 + z^2 = a^2$$

ou

$$(x^2 + y^2 + z^2 + d^2 - a^2)^2 = 4d^2\,(x^2 + y^2).$$

Prenons encore pour exemple la surface engendrée par un cercle tournant autour d'une droite non située dans son plan, dans le cas particulier où la perpendiculaire abaissée du centre du cercle est un diamètre de ce cercle.

Prenons ce diamètre pour axe des x ; soient a le rayon du cercle, d la distance du centre à l'axe, θ l'angle de son plan avec le plan des xy ; ce cercle sera défini par le plan

$$z = my$$

et la sphère

$$(x - d)^2 + y^2 + z^2 = a^2.$$

D'autre part, les équations de la génératrice sont

$$z = \gamma$$
$$x^2 + y^2 = r^2.$$

Éliminant x, y, z, il vient

$$\left(\sqrt{r^2 - \frac{\gamma^2}{m^2}} - d\right)^2 + \frac{\gamma^2}{m^2} + \gamma^2 = a^2$$

ou

$$\left(\sqrt{x^2 + y^2 - \frac{z^2}{m^2}} - d\right)^2 + \frac{z^2}{m^2} + z^2 = a^2$$

ou enfin

$$(x^2 + y^2 + z^2 + d^2 - a^2)^2 = 4d^2\left(x^2 + y^2 - \frac{z^2}{m^2}\right)$$

On voit aisément que la courbe méridienne n'est pas une ellipse, puisque le point le plus haut de cette section n'est pas sur la parallèle à l'axe des z menée par le centre C du cercle.

Si l'on fait $m = \infty$ on retrouve l'équation du tore.

CHAPITRE IX.

EXERCICES.

Discussion de quelques surfaces.

97. *Exemple I.* (fig. 12.)

$$xyz = 1.$$

L'équation ne pouvant être satisfaite si l'on égale à zéro l'une quelconque des coordonnées, on voit que la surface ne rencontre pas les plans coordonnés.

La section par le plan $z = \gamma$ donne une hyperbole

$$xy = \frac{1}{\gamma}$$

dont les axes varient depuis l'infini jusqu'à zéro, lorsque γ passe de zéro à l'infini. Cette hyperbole se projette dans l'angle yox et son opposé au sommet, si γ est positif; si γ est négatif, elle se projette dans les deux autres angles formés par les axes des x et des y.

La surface peut être considérée comme engendrée par cette hyperbole variable, et l'on voit qu'elle se compose de quatre nappes distinctes: chacune de ces nappes a pour asymptotes les trois plans coordonnés qui forment l'angle trièdre, dans lequel elle se trouve comprise.

La section par le plan $y = x$ est une hyperbole du troisième degré donnée en vraie grandeur par l'équation

$$x^2 z = 2.$$

Nous avons représenté (fig. 12) une nappe de la surface limitée par trois plans parallèles aux plans coordonnés, et les sections de la surface par une série de plans horizontaux équidistants, ainsi que celle qui est faite par le plan $y = x$.

La surface se compose, d'après ce qui a été dit plus haut,

de quatre nappes identiques, situées dans les trièdres

$$z\,x\,y,\; z-x-y,\; y-x-z,\; x-y-z.$$

98. *Exemple II.* (fig. 13.)

Soit l'équation

$$(x^2 + y^2)^2 + 4a^2z^2 - 4a^2x^3 = 0.$$

Coupons la surface par les trois plans coordonnés.

Si on fait $x = 0$, il vient $y = 0$; l'axe des z fait donc partie de la surface.

La section par le plan des zx s'obtient en faisant $y = 0$, ce qui donne

$$x^4 + 4a^2z^2 - 4a^2x^2 = 0.$$

Cette équation se décompose en deux :

$$x = 0 \quad \text{et} \quad x^2 + 4z^2 = 4a^2 ;$$

elle représente l'axe des z et une ellipse dont le grand axe, dirigé suivant $0x$, est égal à $4a$, et dont le petit axe, dirigé suivant $0z$ est égal à $2a$.

Enfin, pour $z = 0$, on trouve la trace de la surface sur le plan des xy, qui se compose de deux cercles égaux :

$$(x^2 + y^2 - 2ax)\,(x^2 + y^2 + 2ax) = 0 ;$$

ces deux cercles, de rayon a, ont leurs centres sur l'axe des x, et sont tangents à l'origine à l'axe des y.

Un plan, $z = \gamma$, parallèle au plan des xy, coupe aussi la surface suivant deux cercles égaux, qui se projettent sur xy comme les précédents et qui ont pour équation

$$(x^2 + y^2)^2 - 4x^2(a^2 - \gamma^2) = 0,$$

l'abscisse du centre est

$$\alpha = \pm \sqrt{a^2 - \gamma^2} ;$$

en sorte que l'on a

$$\alpha^2 + \gamma^2 = a^2 ;$$

le lieu des centres de ces cercles est donc une circonférence de rayon a, située dans le plan des xz, et ayant l'origine pour centre.

Comme ces cercles rencontrent toujours l'axe des z, on voit que la surface peut être considérée comme engendrée par un cercle mobile dont le plan reste parallèle au plan des xy, dont un point s'appuie sur l'axe des z, et dont le centre décrit une circonférence de rayon a située dans le plan des xz et ayant son centre à l'origine.

Ce mode de génération de la surface en fait concevoir aisément la forme ; l'étude des sections parallèles aux zx va nous en faire connaître une propriété remarquable.

Dans l'équation de la surface faisons $y = \beta$; il vient :

$$z^2 = a^2 \left(1 - \frac{(x^2 + \beta^2)^2}{4a^2 x^2} \right)$$

cherchons les coordonnées du point où la tangente à la courbe est horizontale : on a, en appelant z' la dérivée de z par rapport à x

$$z z' = \frac{(x^2 + \beta^2)^2 - 2x^2(x^2 + \beta^2)}{2x^3} \cdot$$

Le numérateur est nul pour $x = \pm \beta$; et, comme d'ailleurs $y = \beta$, on voit que le lieu des points où la tangente à une section parallèle aux zx est horizontale, se projette sur le plan des xy suivant les deux droites :

$$y = \pm x.$$

En d'autres termes, si on imagine un cylindre ayant ses génératrices parallèles à $0x$, et circonscrit à la surface, le lieu des contacts se compose de deux courbes planes situées dans les plans bissecteurs des dièdres y, z, x et $y, z, - x$.

Le z du point de la section faite par le plan $y = \beta$, où la tangente est horizontale, est

$$z = \sqrt{a^2 - \beta^2}$$

d'où

$$\beta^2 + z^2 = a^2,$$

donc le cylindre circonscrit est de révolution, et la projection de la courbe de contact sur le plan des xz est le cercle directeur.

Remarquons encore que tout plan passant par l'axe des z coupe la surface suivant une ellipse.

Si, en effet, on combine l'équation de la surface avec celle du plan

$$y = mx,$$

on trouve, pour la projection de la section sur le plan des zx :

$$x^2 (1 + m^2) + 4z^2 = 4a^2,$$

équation d'une ellipse, donc la section est elle-même une ellipse.

Ces propriétés peuvent du reste s'établir aisément par la géométrie.

99. *Exemple III.* (fig. 14.)

Soit encore à discuter la surface représentée par l'équation

$$x^3 + y^3 + z^3 = 1.$$

L'équation étant symétrique en x, y et z, il suffira, pour reconnaître la forme de la surface, de la couper par une série de plans parallèles à l'un des plans coordonnés, au plan xy par exemple. Une telle section sera donnée par le système

$$z = \gamma \qquad x^3 + y^3 = 1 - \gamma^3.$$

On voit que les projections de toutes ces courbes sur le plan xy ont pour axe la bissectrice de l'angle $y0x$, et pour asymptote la perpendiculaire à cet axe menée par l'origine.

Soit OA l'axe de l'une de ces courbes; sa longueur

$$OA = \sqrt{2}\ \sqrt[3]{\frac{1 - \gamma^3}{2}}$$

décroît jusqu'à zéro, quand γ varie de 0 à 1 ; pour des valeurs de γ plus grandes, OA devient négatif, la courbe est tournée en sens contraire, et OA croît en valeur absolue au delà de toute limite.

Lorsque OA est nul, la section est une ligne droite, γ est alors égal à 1.

D'après ce qui a été dit sur la symétrie de la surface et sur la position de cette droite, si par trois points pris sur les axes coordonnés à une distance de l'origine égale à 1, on mène un plan, et que par ces mêmes points on mène des parallèles aux traces de ce plan sur les trois plans coordonnés, ces parallèles forment un triangle équilatéral situé sur la surface. Une partie de la surface est en avant du plan de ce triangle; l'autre partie s'étend indéfiniment en arrière.

100. *Étude des sections du tore par un plan passant par son centre.*

L'équation du tore est

$$(\sqrt{x^2 + y^2} - d)^2 + z^2 = a^2.$$

Les formules de transformation qui donnent l'équation de la section faite par un plan passant par l'axe des y sont:

$$x = y' \cos \theta \qquad y = x' \qquad z = y' \sin \theta.$$

Remplaçant dans l'équation du tore, il vient en supprimant les accents

$$(\sqrt{y^2 \cos^2 \theta + x^2} - d)^2 + y^2 \sin^2 \theta = a^2,$$

ou

$$(x^2 + y^2 + d^2 - a^2)^2 - 4d^2 y^2 \cos^2 \theta - 4d^2 x^2 = 0.$$

En faisant varier θ de 0 à 90°, nous aurons toutes les sections.

Lorsque la trace du plan sur le plan des xz coïncide avec $0x$, la section se compose de deux circonférences concentriques, car $\theta = 0$ donne

$$x^2 + y^2 = (d \pm a)^2$$

θ croissant, la section se compose de deux courbes concentriques, ayant pour axes les axes coordonnés; l'équation peut s'écrire

$$\left[x^2 + y^2 + d^2 - a^2 - 2d\sqrt{y^2 \cos^2 \theta + x^2} \right] \left\{ \begin{array}{l} x^2 + y^2 + d^2 - a^2 \\ + 2d\sqrt{y^2 \cos^2 \theta + x^2} \end{array} \right\} = 0;$$

dans le tore d est plus grand que a ; le second facteur ne peut donc être nul; les équations des deux courbes sont donc obtenues en posant

$$x^2 + y^2 + d^2 - a^2 - 2d\sqrt{y^2\cos^2\theta + x^2} = 0,$$

et, en coordonnées polaires, en nommant ω l'angle variable, et ϱ le rayon vecteur :

$$\varrho = d\sqrt{1 - \sin^2\theta\sin^2\omega} \pm \sqrt{a^2 - d^2\sin^2\theta\sin^2\omega}.$$

Ainsi au rayon vecteur de la courbe

$$\varrho = d\sqrt{1 - \sin^2\theta\sin^2\omega}$$

il faut ajouter et retrancher

$$R = \sqrt{a^2 - d^2\sin^2\theta\sin^2\omega}.$$

Cette quantité R est réelle, quel que soit ω, tant que

$$d\sin\theta < a,$$

c'est-à-dire tant que la trace du plan sur le plan des zx coupe le cercle méridien.

Lorsque

$$a = d\sin\theta, \qquad R = a\cos\omega,$$

et l'équation devient :

$$(\varrho \pm a\cos\omega)^2 = d^2 - a^2\sin^2\omega)$$

ou

$$\varrho^2 \pm 2a\varrho\cos\omega = d^2 - a^2,$$

ce qui donne, en séparant les signes, les deux cercles :

$$\varrho^2 - 2a\varrho\cos\omega - d^2 + a^2 = 0, \quad \varrho^2 + 2a\varrho\cos\omega - d^2 + a^2 = 0.$$

Ainsi, la section du tore par un plan bi-tangent se compose de deux cercles égaux, dont la corde commune joint les points de contact et dont le rayon est d.

Quand

$$a < d\sin\theta,$$

la courbe se compose de deux parties séparées, situées de part et d'autre du plan des xz, et symétriques.

Si l'on cherche la valeur de ρ pour laquelle le rayon vecteur est tangent à la courbe, ce qui se fait en égalant R à zéro, on a

$$\sin \omega = \frac{a}{d \sin \theta}$$

donc

$$\rho = \sqrt{d^2 - a^2},$$

valeur indépendante de θ.

101. *Problème.*

Les trois arêtes d'un angle trièdre trirectangle sont tangentes à une surface du second ordre ; trouver le lieu décrit par son sommet.

Supposons que la surface donnée soit un ellipsoïde :

$$\frac{x^2}{a^2} + \frac{y^2}{b^2} + \frac{z^2}{c^2} = 1;$$

transportons l'origine en un point du lieu, (α, β, γ), et prenons les trois tangentes menées par ce point, pour axes coordonnés : les formules de transformation sont

$$x = \alpha + mx' + ny' + pz',$$
$$y = \beta + m_1 x' + n_1 y' + p_1 z',$$
$$z = \gamma + m_2 x' + n_2 y' + p_2 z',$$

en sorte que l'équation de l'ellipsoïde rapporté aux nouveaux axes est en substituant :

$$\frac{(\alpha + mx' + ny' + pz')^2}{a^2} + \frac{(\beta + m_1 x' + \ldots)^2}{b^2} + \frac{(\gamma + mx_2' + \ldots)^2}{c^2} = 1.$$

Écrivons que la droite $z' = 0$, $y' = 0$ est tangente à la surface : l'équation en x' résultant de cette hypothèse devra avoir ses racines égales ; or, cette équation est

$$\left(\frac{m^2}{a^2} + \frac{m_1^2}{b^2} + \frac{m_2^2}{c^2} \right) x'^2 + 2 \left(\frac{m\alpha}{a^2} + \frac{m_1 \beta}{b^2} + \frac{m_2 \gamma}{c^2} \right) x' \left. \begin{array}{c} \\ \\ + \frac{\alpha^2}{a^2} + \frac{\beta^2}{b^2} + \frac{\gamma^2}{c^2} - 1 \end{array} \right\} = 0;$$

on a donc la condition

$$\left(\frac{m\alpha}{a^2} + \frac{m_1\beta}{b^2} + \frac{m_2\gamma}{c^2}\right)^2 = \left(\frac{m^2}{a^2} + \frac{m_1^2}{b^2} + \frac{m_2^2}{c^2}\right)$$
$$\left(\frac{\alpha^2}{a^2} + \frac{\beta^2}{b^2} + \frac{\gamma^2}{c^2} - 1.\right)$$

Développons cette condition, et faisons les réductions; il vient :

$$2mm_1\frac{\alpha\beta}{a^2b^2} + 2mm_2\frac{\alpha\gamma}{a^2c^2} + 2m_1m_2\frac{\beta\gamma}{b^2c^2} = \frac{\alpha^2}{a^2}\left(\frac{m_1}{b^2} + \frac{m_2^2}{c^2}\right)$$
$$+ \frac{\beta^2}{b^2}\left(\frac{m^2}{a^2} + \frac{m_2}{c^2}\right) + \frac{\gamma^2}{c^2}\left(\frac{m^2}{a^2} + \frac{m_1^2}{b^2}\right) - \left(\frac{m^2}{a^2} + \frac{m_1^2}{b^2} + \frac{m_2^2}{c^2}\right)$$

On aurait de même deux autres conditions, en écrivant que les axes des y' et des z' sont tangents à la surface; il suffirait de remplacer dans l'équation précédente les constantes m, m_1, m_2 par n, n_1, n_2 ou p, p_1, p_2. Supposons les écrites, et ajoutons membre à membre; nous aurons en vertu des relations qui existent entre les neuf constantes

$$\frac{\alpha^2}{a^2}\left(\frac{1}{b^2} + \frac{1}{c^2}\right) + \frac{\beta^2}{b^2}\left(\frac{1}{a^2} + \frac{1}{c^2}\right) + \frac{\gamma^2}{c^2}\left(\frac{1}{a^2} + \frac{1}{b^2}\right) = \frac{1}{a^2} + \frac{1}{b^2} + \frac{1}{c^2},$$

équation d'un ellipsoïde.

Si on multiplie par c^2 et que l'on fasse $c = 0$, on obtient :

$$\frac{\alpha^2}{a^2} + \frac{\beta^2}{b^2} + \gamma^2\left(\frac{1}{a^2} + \frac{1}{b^2}\right) = 1;$$

dans ce cas, les trois arêtes s'appuient sur une ellipse.

Si on fait $c = \infty$, l'ellipsoïde primitif est un cylindre à base elliptique; le lieu est un cylindre circulaire

$$\alpha^2 + \beta^2 = a^2 + b^2,$$

ce qui montre que le lieu des sommets des angles droits circonscrits à une ellipse est un cercle de rayon

$$\sqrt{a^2 + b^2}.$$

Le lecteur pourra aisément appliquer le calcul précédent au cas où la surface donnée est un hyperboloïde, et discuter les résultats.

Surface de l'onde.

102. On rencontre en optique l'équation d'une surface qu'on appelle la surface de l'onde, et qui joue un rôle important dans la théorie de la lumière.

Nous allons la discuter au point de vue géométrique et faire connaître quelques-unes de ses propriétés.

L'équation de cette surface sous sa forme la plus simple est

$$(1) \qquad \frac{x^2}{x^2+y^2+z^2-a^2} + \frac{y^2}{x^2+y^2+z^2-b^2} + \frac{z^2}{x^2+y^2+z^2-c^2} = 1.$$

Cherchons les sections de la surface par les plans coordonnés.

Pour cela imaginons que dans l'équation (1) on ait chassé les dénominateurs; en faisant successivement dans l'équation ainsi préparée:

$$x = 0, \qquad y = 0, \qquad z = 0.$$

on trouvera

$$(y^2 + z^2 - a^2)(b^2 y^2 + c^2 z^2 - b^2 c^2) = 0,$$
$$(x^2 + z^2 - b^2)(a^2 x^2 + c^2 z^2 - a^2 c^2) = 0,$$
$$(x^2 + y^2 - c^2)(a^2 x^2 + b^2 y^2 - a^2 b^2) = 0.$$

Il résulte de là que dans chacun des plans coordonnés la section se compose d'un cercle et d'une ellipse.

Prenons (*fig.* 15)

$$OA = OA_1 = a, \qquad OB = OB_1 = b, \qquad OC = OC_1 = c.$$

et soit

$$a > b > c.$$

On voit que la surface est formée de deux nappes distinctes, l'une intérieure, figurée par le contour SB_1CC_1S, l'autre extérieure SAA_1BS.

Ces deux nappes ont quatre points communs, tels que S.

La surface est d'ailleurs symétrique par rapport aux plans coordonnés qui la coupent orthogonalement et l'origine est centre.

On se représentera aisément les sections faites parallèlement aux plans coordonnés; nous n'en discuterons pas les équations, et nous passons immédiatement à l'étude de quelques propriétés remarquables de la surface.

Mentionnons d'abord les équations de deux ellipsoïdes qui sont physiquement liés à la surface de l'onde.

L'un d'eux

$$a^2 x^2 + b^2 y^2 + c^2 z^2 = 1$$

se nomme le *premier ellipsoïde* ;

l'autre

$$\frac{x^2}{a^2} + \frac{y^2}{b^2} + \frac{z^2}{c^2} = 1 ,$$

se nomme le *second ellipsoïde*.

Cela posé ,

Si l'on mène une tangente MM' commune à l'ellipse et au cercle situés dans le plan des zx, le plan mené par cette tangente parallèlement à Oy touche la surface suivant un cercle, et le plan de ce cercle est parallèle aux sections circulaires du premier ellipsoïde.

Cherchons, en effet, le lieu des points pour lesquels le plan tangent est perpendiculaire au plan des zx; pour ces points la dérivée partielle prise par rapport à y est nulle, d'où résulte l'équation :

$$y \left[(a^2 + b^2)x^2 + 2b^2 y^2 + (c^2 + b^2)z^2 - b^2(a^2 + c^2) \right] = 0,$$

qui donne d'une part, les points situés dans le plan zOx et qui répondent à $y = 0$, d'autre part les points situés sur l'intersection de la surface avec l'ellipsoïde

$$(2) \quad (a^2 + b^2)x^2 + 2b^2 y^2 + (c^2 + b^2)z^2 = b^2(a^2 + c^2)$$

Si l'on cherche la projection de cette intersection sur le plan des zx, on trouve par l'élimination de y une équation décomposable en quatre facteurs

$$3) \quad \left. \begin{array}{l} \left[z + x\sqrt{\dfrac{a^2 - b^2}{b^2 - c_2}} + b\sqrt{\dfrac{a^2 - c^2}{b^2 - c^2}} \right] \left[z + x\sqrt{\dfrac{a^2 - b^2}{b^2 - c^2}} \right. \\[4mm] \left. - b\sqrt{\dfrac{a^2 - c^2}{b^2 - c^2}} \right] \left[z + x\sqrt{\dfrac{a^2 - b^2}{b^2 - c^2}} + b\sqrt{\dfrac{a^2 - c^2}{b^2 - c^2}} \right] \\[4mm] \left[z - x\sqrt{\dfrac{a^2 - b^2}{b^2 - c^2}} - b\sqrt{\dfrac{a^2 - c^2}{b^2 - c^2}} \right] \end{array} \right\} = 0,$$

et qui donne les quatre tangentes communes à l'ellipse et au cercle situés dans le plan des zx.

D'ailleurs si l'on cherche les sections circulaires de l'ellipsoïde (2), on reconnaît qu'elles s'obtiennent en égalant à zéro les facteurs linéaires en lesquels se décompose l'équation (3) et qu'elles coïncident avec celles du premier ellipsoïde. Le théorème est donc démontré.

Les points singuliers (S) de la surface jouissent de propriétés optiques importantes et qui ne sont pas moins intéressantes au point de vue géométrique.

Nous allons les faire connaître.

La direction OS est perpendiculaire aux sections circulaires du second ellipsoïde.

Le calcul des coordonnées du point S

$$x' = c \sqrt{\frac{a^2 - b^2}{a^2 - c^2}}, \qquad y' = 0, \qquad z' = a \sqrt{\frac{b^2 - c^2}{a^2 - c^2}}$$

suffit pour mettre en évidence cette propriété.

Les tangentes à la surface au point S forment un cône du second degré.

Pour trouver le lieu de ces tangentes, il est convenable d'écrire l'équation de la surface sous la forme suivante :

$$\left. \begin{aligned} (x^2 + y^2 + z^2)(a^2x^2 + b^2y^2 + c^2z^2) - a^2(b^2 + c^2)x^2 \\ - b^2(a^2 + c^2)y^2 - c^2(a^2 + b^2)z^2 + a^2b^2c^2 \end{aligned} \right\} = 0.$$

Désignons par $F(x, y, z)$ le premier membre, et transportons l'origine au point S.

L'équation devient :

$$F(x + x', y, z + z') = 0.$$

Or il résulte de la forme de la surface dont les deux nappes ont le point commun S, qu'une droite menée par ce point, ne peut la rencontrer plus de trois fois.

Si donc on mène par la nouvelle origine une droite

$$x = mz \qquad y = nz$$

l'équation en z, résultant de l'élimination de x et de y, admettra nécessairement deux racines nulles, mais si cette droite est tangente à la surface, il y aura une troisième racine égale à 0, en sorte que si l'on forme l'équation en z, la condition du contact s'obtiendra en égalant à 0 le coefficient de z^2.

La relation entre m et n étant ainsi établie, il suffira d'y remplacer m et n par

$$\frac{x}{z} \quad \text{et} \quad \frac{y}{z},$$

ce qui donne pour l'équation du cône tangent

$$4a^2x'^2x^2 + 4c^2z'^2z^2 + (a^2 - b^2)(c^2 - b^2)y^2 + 4x'z'(a^2 + c^2)x'z' = 0.$$

On voit que ce cône est du deuxième degré.

Le lieu des pieds des perpendiculaires abaissées du centre de la surface sur les plans tangents à ce cône est un cercle et le plan de ce cercle est parallèle aux sections circulaires du second ellipsoïde.

Cherchons d'abord le lieu des perpendiculaires abaissées du centre sur les plans tangents.

Pour cela menons par l'origine S un plan

$$y = \alpha x + \beta z.$$

L'élimination de y entre cette équation et celle du cône donne une équation du second degré en $\dfrac{x}{z}$ et dont le premier membre devra être un carré parfait si le plan est tangent.

Cette condition développée donne, réductions faites,

$$(4) \quad c^2z'^2\alpha^2 + a^2x'^2\beta^2 - (a^2 + c^2)x'z'\alpha\beta + a^2v^2 = 0.$$

Revenons à l'ancienne origine.

L'équation d'un plan tangent au cône devient

$$y = \alpha(x - x') + \beta(y - y'),$$

α et β étant liés par la relation précédente, et les équations d'une perpendiculaire abaissée du centre sur le plan tangent sont alors :

$$x = -\alpha y \qquad z = -\beta y.$$

Éliminons α et β entre ces deux équations et la relation (4), il vient

$$c^2x'^2x^2 + a^2c^2y^2 + a^2x'^2z^2 - (a^2 + c^2)x'z'.xz = 0,$$

équation du cône formé par les perpendiculaires abaissées du centre sur les plans tangents.

Le lieu des pieds de ces perpendiculaires s'obtiendra en joignant à cette équation celle d'une sphère

$$x^2 + y^2 + z^2 - xx' - zz' = 0,$$

qui a pour diamètre OS.

Pour avoir la projection de ce lieu sur le plandes zx, éliminons y entre les deux équations précédentes, il vient :

$$\left.\begin{array}{l}(a^2 - z'^2)c^2x^2 + (c^2 - x'^2)a^2z^2 + (a^2 + c^2)x'z'\,xz - a^2c^2x'x \\ \qquad\qquad - a^2c^2z'z\end{array}\right\} = 0,$$

ou, en ayant égard aux valeurs de x' et de z',

$$a^2x'^2x^2 + c^2z'^2z^2 + (a^2 + c^2)x'z'xz - a^2c^2zz' = 0,$$

ce qui peut encore s'écrire

$$(x'x + z'z)(a^2x'x + c^2z'z - a^2c^2) = 0.$$

L'équation

$$a^2x'x + c^2zz - a^2c^2 = 0,$$

jointe à celle de la sphère, donne le lieu cherché qui est par conséquent un cercle.

Le plan de ce cercle est d'ailleurs parallèle aux sections circulaires du second ellipsoïde, comme on peut s'en assurer à l'aide des valeurs de x' et z', données plus haut.

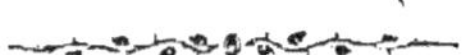

TABLE DES MATIÈRES.

FIN.

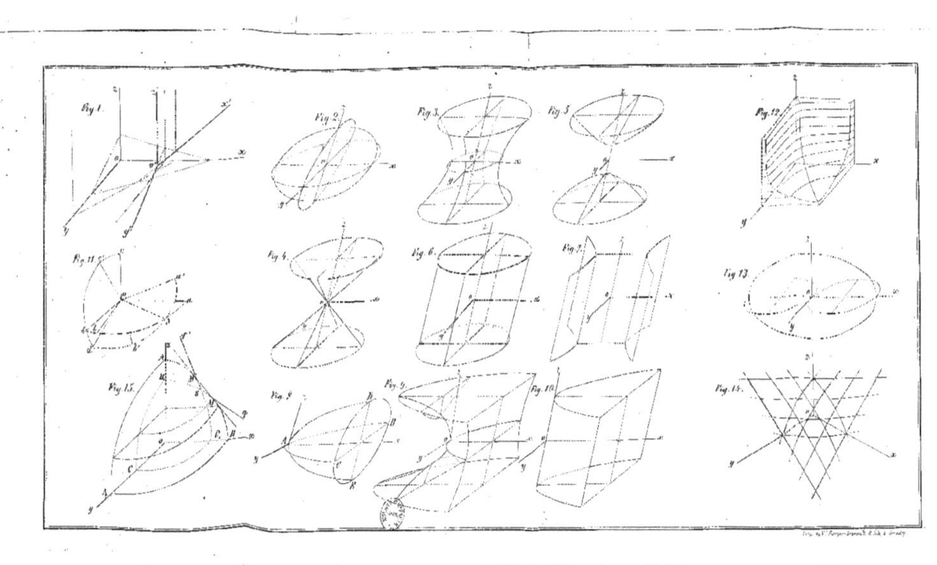